Lavinia Grosu

Exergie et systèmes énergétiques

Lavinia Grosu

Exergie et systèmes énergétiques

Transition vers l'EXERGETIQUE

Presses Académiques Francophones

Impressum / Mentions légales

Bibliografische Information der Deutschen Nationalbibliothek: Die Deutsche Nationalbibliothek verzeichnet diese Publikation in der Deutschen Nationalbibliografie; detaillierte bibliografische Daten sind im Internet über http://dnb.d-nb.de abrufbar.
Alle in diesem Buch genannten Marken und Produktnamen unterliegen warenzeichen-, marken- oder patentrechtlichem Schutz bzw. sind Warenzeichen oder eingetragene Warenzeichen der jeweiligen Inhaber. Die Wiedergabe von Marken, Produktnamen, Gebrauchsnamen, Handelsnamen, Warenbezeichnungen u.s.w. in diesem Werk berechtigt auch ohne besondere Kennzeichnung nicht zu der Annahme, dass solche Namen im Sinne der Warenzeichen- und Markenschutzgesetzgebung als frei zu betrachten wären und daher von jedermann benutzt werden dürften.

Information bibliographique publiée par la Deutsche Nationalbibliothek: La Deutsche Nationalbibliothek inscrit cette publication à la Deutsche Nationalbibliografie; des données bibliographiques détaillées sont disponibles sur internet à l'adresse http://dnb.d-nb.de.
Toutes marques et noms de produits mentionnés dans ce livre demeurent sous la protection des marques, des marques déposées et des brevets, et sont des marques ou des marques déposées de leurs détenteurs respectifs. L'utilisation des marques, noms de produits, noms communs, noms commerciaux, descriptions de produits, etc, même sans qu'ils soient mentionnés de façon particulière dans ce livre ne signifie en aucune façon que ces noms peuvent être utilisés sans restriction à l'égard de la législation pour la protection des marques et des marques déposées et pourraient donc être utilisés par quiconque.

Coverbild / Photo de couverture: www.ingimage.com

Verlag / Editeur:
Presses Académiques Francophones
ist ein Imprint der / est une marque déposée de
OmniScriptum GmbH & Co. KG
Heinrich-Böcking-Str. 6-8, 66121 Saarbrücken, Deutschland / Allemagne
Email: info@presses-academiques.com

Herstellung: siehe letzte Seite /
Impression: voir la dernière page
ISBN: 978-3-8381-4993-6

Zugl. / Agréé par: Université Paris Ouest Nanterre La Défense, 2012

Copyright / Droit d'auteur © 2014 OmniScriptum GmbH & Co. KG
Alle Rechte vorbehalten. / Tous droits réservés. Saarbrücken 2014

NOMENCLATURE

A : surface d'échange de chaleur, [m^2]

a_1, a_2 : coefficient de perte thermique, [W/m^{2}K]

c_p : chaleur spécifique à pression constante, [J kg^{-1} K^{-1}]

c_v : chaleur spécifique à volume constant, [J kg^{-1} K^{-1}]

C : couple moteur, [Nm]

COP : coefficient de performance, [-]

Cb : combustible, ressource, [W]

D : diamètre, [m]

e : épaisseur inter-plaques (échangeur), [m]

E : énergie totale, [J]

ek : énergie cinétique spécifique, [J kg^{-1}]

ep : énergie potentielle spécifique, [J kg^{-1}]

ex : exergie spécifique, [J kg^{-1}]

Ex : exergie, [J]

$\dot{Ex}_Q^T$: flux d'exergie de la chaleur Q à la temperature T, [W]

f : coefficient des pertes de charge, [-]

G : densité de flux solaire [W m^{-2}]

h : enthalpie spécifique, [J kg^{-1}] ou coefficient d'échange de chaleur par convection, [W m^{-2} K^{-1}]

H : hauteur, [m]

$\dot{H}$: flux enthalpique, [W]

I : intensité, [A]

$\dot{I}$: irréversibilité, [W]

Ir : irréversibilité réduite [-]

k : facteur des pertes au régénérateur, [-]

K : conductance, [W K^{-1}]

l : largeur, [m]

L : longueur, [m]

m : masse du gaz, [kg]

$\dot{m}$: débit massique, [kg s^{-1}]

n : vitesse de rotation, [tr s^{-1}]

Np : nombre de passages aux échangeurs, [-]

p : pression, [Pa]

P : produit, [W]

Q : chaleur, [J]

Q : chaleur spécifique, [J/kg]

$\dot{Q}$: flux de chaleur, [W]

r : constante du gaz, [J.kg^{-1}.K^{-1}]

s : entropie spécifique, [J kg^{-1}.K^{-1}]

$\dot{S}$: flux d'entropie, [W K^{-1}]

S : entropie, [J K^{-1}]

t : temps, [s]

T : température, [K]

u : vitesse, [m s^{-1}]

U : tension, [V]

V : volume, [m^3]

W : travail, [J]

$\dot{W}$: puissance mécanique, [W]

x : concentration en fluide frigorigène des solutions riche et pauvre, [%]

Z : position instantanée des pistons, [m]

indices

a : conditions ambiantes

ACS : Absorption Cooling System

Ab : absorbeur

$Abse$: eau en sortie de l'absorbeur

$Absi$: eau à l'entrée de l'absorbeur

amp : amplitude (course)

c : compression

Cd : condenseur

Cde : eau à la sortie du condenseur

Cdi : eau à l'entrée du condenseur

cyl : cylindre

d : piston déplaceur

e : eau

ou détente (volume de détente)

ef : eau fluide frigorigène

eff : effective (puissance)

eg : eau glacée

Ec : économiseur

Ev : évaporateur

Eve : eau glacée sortie évaporateur

Evi : eau glacée entrée évaporateur

ex : exergétique

ε : en référence au taux de compression

f : frottement

g : gaz

G : générateur

Ge : eau à l'entrée du générateur

Gi : eau en sortie du générateur

h	: chaud (gaz, échangeur)	sol	: solaire
H	: réservoir chaud	T	: totale
HE	: échangeur de chaleur		ou turbine
in	: entrée	th	: thermique
int	: interne	$V.L.$	: robinet de laminage, détendeur
l	: froid (gaz, échangeur)	w	: paroi
L	: réservoir froid		ou eau
m	: mort (volume)	0	: état de référence
	ou moyenne arithmétique	**exposants**	
	(température)	$*$	: adimensionné
max	: maximum	$**$	: adimensionné en références absolues
MAF	: machine à froid		
min	: minimum	CH	: chimique
o	: optique	d	: déficit
out	: sortie	D	: dissipée (exergie)
ORC	: Organic Rankine Cycle	f	: écoulement
p	: piston moteur	in	: entrée
	ou solution pauvre en fluide frigorigène	out	: sortie
		i	: interne
P	: pompe	irr	: irréversible
r	: solution riche en fluide frigorigène	l	: froid
reg	: régénérateur	h	: chaud
rev	: réversibilité interne	m	: moyen

P	: produit (exergie)	γ	: exposant adiabatique, [-]
R	: ressource (exergie)	λ	: conductivité thermique, [Wm^{-1}K^{-1}]
S	: supplémentaire	η	: rendement (moteur), [-]
t	: transversale (section)		ou pourcentage de transfert de chaleur (échangeur), [-]
TM	: thermo-mécanique		
TOT	: totale	ξ	: efficacité échangeur, [-]

lettres grecques

α	: rapport des conductances, [-]	π	: création d'entropie spécifique, [J kg^{-1} K^{-1}]
ε	: taux de compression volumétrique, [-]	Π	: création d'entropie, [J K^{-1}]
		$\dot{\Pi}$	: flux de création d'entropie, [W K^{-1}]
φ	: angle vilebrequin, [rad]	τ	: rapport de températures, [-]
φ_0	: déphasage entre le piston moteur et le piston déplaceur, [rad]	ω	: vitesse angulaire, [rad s^{-1}]

TABLE DES MATIERES

1. INTRODUCTION ET DEMARCHE SCIENTIFIQUE   7

    1.1. Introduction des systèmes étudiés   8

    1.2. Introduction de la notion d'exergie. Exemples simples   16

       1.2.1. Présentation de la notion d'exergie   *16*

       1.2.2. Illustrations simples   *23*

1ère Partie: Description des méthodes développées   *29*

2. THERMODYNAMIQUE EN DIMENSIONS PHYSIQUES FINIES (TDPF)   30

    2.1. Cycle moteur Stirling exo-irréversible   31

    2.2. Cycle récepteur Stirling exo-irréversible   45

3. COUPLAGE DE LA METHODE TDPF AVEC L'ANALYSE EXERGETIQUE   49

    3.1. Etude de l'échangeur froid   49

    3.2. Etude de l'échangeur chaud   52

    3.3. Exemple d'optimisation   54

4. MODELISATION ZERO-DIMENSIONNELLE EN REGIME ETABLI   69

    4.1. Modèle isotherme (modèle à trois volumes)   69

    4.2. Modèle adiabatique (modèle à cinq volumes)   78

2ème partie: Applications aux systèmes énergétiques « durables »   *85*

5. MOTEUR STIRLING LDT GAMMA   86

    5.1. Moteur LDT gamma, diamètre = 138mm   86

    5.2. Moteur LDT gamma, diamètre = 77mm   97

6. MACHINE STIRLING BETA   108

    6.1. Fonctionnement moteur   108

    6.2. Fonctionnement machine à froid   114

7. MOTEUR STIRLING ALPHA   120

    7.1. Moteur Stirling dédié à une Micro Centrale Solaire Thermodynamique   120

    7.2. Micro-cogénérateur avec moteur Stirling   129

8. SYSTEME DE RAFRAICHISSEMENT SOLAIRE A ABSORPTION   137

9. SYSTEME COMBINE : ORC ET RAFRAICHISSEMENT SOLAIRE   149

    9.1. Analyse énergétique et exergétique du système ORC   152

    9.2. Analyse énergétique et exergétique du système de rafraîchissement   160

    9.3. Résultats du cycle combiné   163

CONCLUSION   169

1. INTRODUCTION ET DEMARCHE SCIENTIFIQUE

Dans le contexte actuel d'économie d'énergie, l'utilisation des énergies renouvelables et la valorisation des énergies perdues font l'objet de nombreuses études. Nous assistons au développement de technologies de conversion efficace de l'énergie thermique de toutes origines. Ainsi, de nouvelles perspectives comme la conversion thermodynamique de l'énergie solaire ou la valorisation des chaleurs issues du traitement des déchets s'offrent à la recherche.

La conversion d'énergie solaire en électricité est un enjeu énergétique majeur. Dans les pays en voie de développement, s'affranchir de la dépendance pétrolière pour produire localement de l'électricité d'origine solaire est une nécessité vitale. Il existe donc un besoin important de systèmes de petite ou moyenne puissance, bon marché, simples et fiables et ne nécessitant pas de moyens lourds.

Deux filières possibles permettent la conversion d'énergie solaire en électricité:

-thermodynamique solaire: conversion du rayonnement solaire en travail mécanique par le biais d'un moteur (Rankine, Joule ou Stirling)

-conversion photovoltaïque: génération directe d'électricité à partir du rayonnement solaire.

Paradoxalement, même si les premiers systèmes thermodynamiques solaires remontent à un siècle, aujourd'hui de tels systèmes ont du retard comparés à l'alternative photovoltaïque solaire beaucoup plus récente basée sur une technologie découverte pas plus tard que les années 50.

Dans ce cadre, trois systèmes énergétiques ont attiré mon attention: ***la machine Stirling, le système de rafraîchissement solaire par absorption et les centrales*** *solaires à Cycle Organique de Rankine (ORC: Organic Rankine Cycle)* pour lesquels des méthodes de modélisation thermodynamique ont été développées.

Deux points de vue ont été abordés: étude de machines en phase de projet (recherche de dimensionnement optimum) et étude du fonctionnement de machines existantes (recherche de point de fonctionnement optimum).

Pour étudier ces systèmes il est approprié d'utiliser la notion d'*exergie*, pour prendre en compte la diversité des ressources (à des niveaux de température différents), la globalisation des échanges, des modes de production et de distribution.

1.1. Introduction des systèmes étudiés

La machine Stirling

Le moteur Stirling attire de plus en plus l'attention des chercheurs de par ses nombreux avantages: grand potentiel de conversion d'énergie (haut rendement), faible niveau de pollution, fonctionnement silencieux, adaptable, utilisation de sources chaudes variées (combustion, énergie solaire, énergie de récupération,...) ce qui leur confère une grande polyvalence [*Walker G., 1980, 1990*], [*Organ A., 1997*], [*Stouffs P., 2000*], [*Rochelle P., 2001, 2011*].

Le moteur Stirling a été inventé par le pasteur écossais Robert Stirling au début du 19ème siècle. Il a connu un succès commercial très important jusqu'au début du 20ème siècle puisqu'il constituait, avec la machine à vapeur, quasiment la seule possibilité de convertir l'énergie calorifique en énergie mécanique. Cependant, il a été détrôné par les moteurs à combustion interne, qui souffraient moins de difficultés technologiques liées à la lubrification, à l'étanchéité ou à la tenue des matériaux à haute température.

Ces machines ne présentent pas de combustion interne associée à une alimentation périodique en gaz frais et des rejets de gaz brûlés, et fonctionnent toujours avec le même gaz de travail (air, azote, hélium ou hydrogène) qui est chauffé et refroidi en contact avec des sources extérieures. Dans l'optique du développement durable, ils constituent une alternative à prendre en compte pour la conversion efficace des énergies renouvelables en travail, avec leur rendement théorique égal à celui de Carnot.

Une machine Stirling est une machine qui peut fonctionner aussi bien en tant que moteur ou que récepteur (machine à froid ou pompe à chaleur). Elle est par conséquent productrice d'énergie mécanique, de froid ou de chaleur selon l'utilisation. Le gaz de travail subit une série de compressions et de détentes entre deux niveaux différents de température. Elle a la particularité de présenter une communication permanente entre les différents volumes et, donc, de ne pas nécessiter d'organes séparateurs (soupapes, clapets,...).

Ce type de machine contient un échangeur chaud, en échangeur froid et un échangeur de chaleur particulier qui porte le nom de régénérateur. La fonction du régénérateur est d'accumuler la chaleur cédée par le gaz de travail le traversant lors de son écoulement du volume chaud vers le volume froid puis de la lui restituer lors du trajet inverse. Une partie de l'énergie transférée est ainsi récupérée à chaque cycle.

Les trois configurations classiques des moteurs Stirling sont présentées sur la *Figure 1.1*. Le moteur Alpha possède 2 cylindres, un chaud et un froid dont les pistons sont à la fois moteur et déplaceur, le moteur Bêta est une configuration monocylindre dans lequel sont en mouvement un piston moteur et un déplaceur et le moteur Gamma comporte deux cylindres de tailles différentes, adapté au faibles écarts de température.

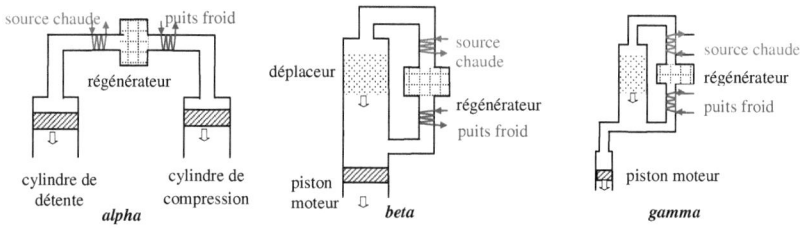

Figure 1.1: Les 3 configurations classiques des moteurs Stirling

Plusieurs moteurs Stirling sont illustrés dans cet ouvrage:

- **Alpha**: un micro-cogénérateur équipé d'un moteur Stirling de type Alpha et un moteur dimensionné pour une centrale solaire thermodynamique

- **Beta**: Une machine réversible mécaniquement est étudiée pour illustrer les différentes utilisations: moteur, machine frigorifique ou pompe à chaleur. Le système peut passer rapidement (stabilité après quelques minutes) d'un fonctionnement à l'autre par simple inversion du sens de rotation et en adaptant les apports énergétiques (avec ou sans source de chaleur, avec ou sans entraînement mécanique par courroie).

- **Gamma**: Deux moteurs à faible différence de température ont été étudiés: un moteur fonctionnant avec un apport de chaleur à $T>T_a$ et un deuxième fonctionnant avec un échange d'énergie thermique à une température inférieure à la température ambiante (la source chaude étant considérée à la température ambiante). Ces deux utilisations différentes ont le mérite de mettre en évidence deux raisonnements exergétiques différents et l'intérêt de la prise en considération du niveau de température lors de l'étude d'un système, en comparaison avec la température ambiante.

Pour l'étude de ces moteurs deux approches fondamentales des comportements thermiques et thermodynamiques ont été entreprises: la *Themodynamique en Dimensions Physiques Finies* et l'*analyse zéro-dimensionnelle en régime établi*. La méthode de la « Thermodynamique en Dimensions Physiques Finies » prend en considération les contraintes technologiques qui se présentent à l'ingénieur, telles la pression, la température et le volume maximaux et les transferts de chaleur à différence finie non-nulle de température. Pour ces transferts, l'impact dynamique supplémentaire, dû à la dépendance du coefficient de transfert thermique à la vitesse de rotation du piston, a été étudié pour des cycles de Stirling moteurs endo-réversibles et exo-irréversibles avec régénération imparfaite. L'analyse zéro-dimensionnelle en régime établi, prend en considération la cinématique des pistons, en plus des irréversibilités du modèle précédent. De cette manière, les résultats seront plus proches des résultats sur banc d'essais.

Ces deux approches ont été complétées avec une *étude exergétique*, développée en parallèle avec une analyse entropique, permettant de chiffrer les pertes en termes de puissance introduites par chaque imperfection considérée (régénération imparfaite, pincements de température au niveau des échangeurs). Les efficacités de fonctionnement des échangeurs sont appréciées en comparant la capacité du fluide moteur à produire du travail mécanique à l'entrée avec celle présente à la sortie du composant, par l'introduction du rendement exergetique et du taux de dissipation.

Les résultats de simulation permettent de situer les conditions optimales de fonctionnement de ces machines qui donnent les meilleurs rendements et les plus faibles productions d'entropie, ou les plus faibles destructions d'exergie, pour minimiser le coût d'utilisation.

La machine à absorption

Les systèmes de rafraîchissement solaire qui utilisent des machines frigorifiques à absorption font partie des systèmes les plus prometteurs en matière d'utilisation des énergies renouvelables [*R.M. Nelson, 1996*]. Actuellement seulement 10% des systèmes de climatisation de confort utilisent un cycle à absorption, le potentiel de développement étant de ce point de vue très élevé [*U. Eicker, 2009*].

L'utilisation de la chaleur comme source d'énergie, ouvre la possibilité d'utilisation du soleil en tant que « combustible » de la machine frigorifique [*F. Ziegler, 2002*]. Un grand intérêt de ces procédés vient également du fait que le besoin en rafraîchissement coïncide, la plupart du temps, avec la disponibilité du rayonnement solaire. En 2005, les systèmes de climatisation de confort solaires en Europe représentaient une puissance totale de seulement 6 MW [*J. Nick-Leptin, 2005*]. La première machine frigorifique à absorption a été réalisée en 1858 par l'ingénieur français Ferdinand Carré. Ce premier système utilisait l'eau comme absorbant et l'ammoniac comme réfrigérant. Aujourd'hui le fluide le plus utilisé est le mélange binaire $LiBr/H_2O$, avec l'eau comme fluide frigorigène. De ce fait, contrairement à ceux utilisant NH_3-H_2O où la pression est supérieure à la pression atmosphérique, les systèmes au $LiBr/H_2O$ fonctionnent à de très faibles pressions en dessous de 1 atm, pour atteindre une température d'évaporation relativement faible et intéressante en climatisation. L'utilisation de cette solution binaire est intéressante, pour les caractéristiques du fluide de travail non-toxique, non-inflammable et non-explosive.

Dans ces machines, la compression du fluide frigorigène évaporé s'effectue par un procédé thermique, par dépense d'une quantité de chaleur à haute température (au niveau du générateur) au lieu d'une énergie mécanique comme dans le cas des installations frigorifiques à compression mécanique de vapeur.

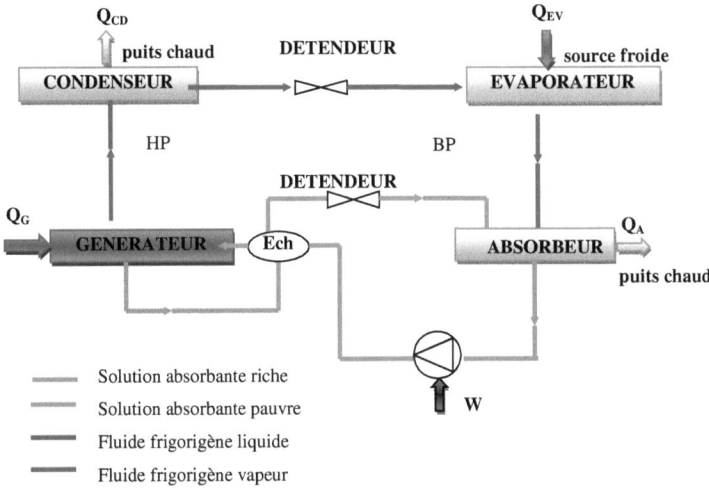

Figure 1.2: Schéma de principe d'une machine à absorption

Le schéma de principe de la machine à absorption est présenté sur la *Figure 1.2*. Le type de machine décrit fait intervenir deux niveaux de pression mais trois niveaux de température.

Les résultats du dimensionnement et de l'étude énergétique et exergétique d'un système de ce type sont présentés dans cet ouvrage, avec comme application une installation éventuelle au sein de l'IUT de Ville d'Avray pour climatiser une surface d'environ 650 m^2 du département GTE.

La centrale solaire à Cycle Organique de Rankine (ORC)

Par rapport aux centrales thermiques à combustion, ces systèmes thermodynamiques solaires remplacent la combustion d'un combustible fossile par l'irradiation solaire. Par conséquent, la chaudière est remplacée par des collecteurs solaires: cylindro-parabolique, miroirs Fresnel, héliostats etc.

Les systèmes de conversion les plus courants sont ceux qui fonctionnent selon des cycles thermodynamiques Rankine, Brayton ou Stirling. Le système étudié dans cet ouvrage utilise un fluide organique (R245fa) qui suit un cycle Rankine alimenté par des capteurs solaires cylindro-paraboliques.

La technologie des réflecteurs solaires cylindro-paraboliques est la plus fréquente et actuellement utilisée par les plus puissantes centrales solaires au monde dans le sud-ouest des Etats-Unis et dans le sud de l'Espagne.

Dans l'installation ORC, le fluide de travail est mis sous pression à l'état liquide par la pompe d'alimentation et dirigé vers les échangeurs (*Préchauffeur, Evaporateur et Surchauffeur*) du circuit primaire (solaire) (*Figure 1.3*). La vapeur surchauffée obtenue en sortie de l'ensemble de ces échangeurs de chaleur met en mouvement la turbine ORC (travail mécanique qui sera converti en électricité). La vapeur en sortie de turbine est dirigée vers le désurchauffeur, ensuite le condenseur où elle est refroidie et condensée, en contact avec un circuit de refroidissement. La récupération de chaleur dans un échangeur interne de récupération (*IHX*) va générer une augmentation de la performance du système, par réduction des irréversibilités locales.

Un exemple de couplage avec un système de rafraîchissement solaire a été étudié sans cet ouvrage, en utilisant la méthode du pincement. Cette méthode (en anglais connue sous le nom *Pinch Analysis*) a été développée à l'initiative de Bodo Linnhoff de l'Université de Manchester [*Linnhoff B., 1998*]o et a été complétée récemment par de nombreux chercheurs dont Kemp en Angleterre [*Kemp I.C., 2007*].

Elle vise à simplifier l'application du premier et du deuxième principe de la thermodynamique en effectuant la synthèse des besoins et des disponibilités en énergie chaleur à l'aide de diagrammes température-différence d'enthalpie.

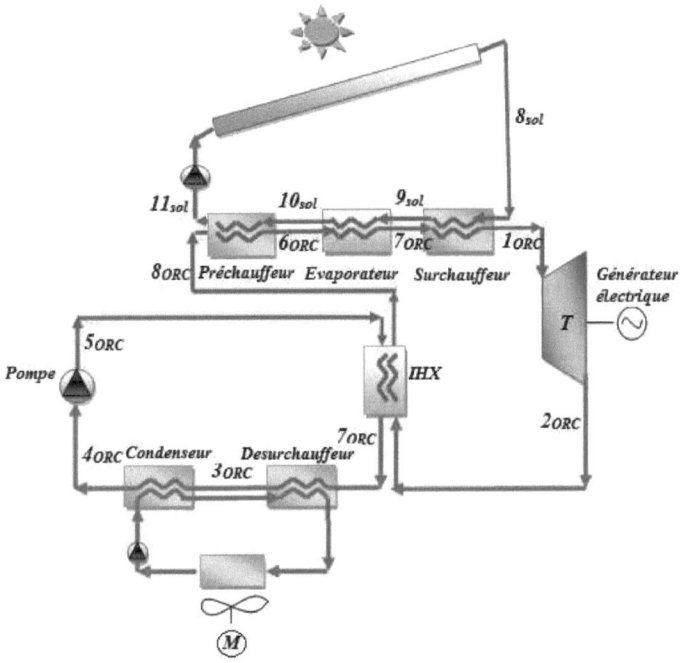

Figure 1.3: Schéma de principe d'une centrale solaire à cycle organique de Rankine

De cette façon chaque chaleur susceptible d'être échangée est constamment référée à son niveau de température. La technique du pincement optimal, par la représentation en diagrammes simples de l'ensemble des réseaux du site, permet d'établir un diagnostic cohérent et préconise, au vue de l'amélioration de sites existants, de reprendre le problème à la base, en essayant tout d'abord de déterminer une solution d'agencement des échangeurs à consommation d'énergie minimale.

1.2. Introduction de la notion d'exergie. Exemples simples

1.2.1. Présentation de la notion d'EXERGIE

Le fonctionnement de tout système réel s'effectue en présence d'irréversibilités. Ces irréversibilités se traduisent par une perte d'exergie, il est donc de la plus haute importance pour l'ingénieur de localiser et chiffrer les pertes d'exergie de façon à pouvoir améliorer le fonctionnement du système.

Lorsque par l'emploi du bilan énergétique, issu du premier principe de la thermodynamique, on se contente d'examiner les quantités de travail et de chaleur mises en jeu dans un processus industriel, il s'avère difficile d'estimer l'influence de chaque opération sur le résultat final et par conséquent de hiérarchiser les voies d'améliorations possibles. Le deuxième principe de la thermodynamique introduit, par l'intermédiaire des concepts d'entropie et d'exergie, la différence qualitative des énergies en fonction du degré de conversion en énergie ordonnée.

L'exergie peut se définir comme la fraction mécanisable d'une énergie, ce qui en fait une mesure de la qualité de l'énergie ou de son niveau de dégradation, relativement à un état de référence. Chaque composant d'un système énergétique peut être étudié séparément, en lui associant trois flux d'exergie: une ressource, un produit et une dissipation (*Figure 1.4*) [*Dobrovicescu A., 2000, 2007*], [*Benelmir R., 1998*], [*Bejan A. et al., 1996*].

Deux degrés de qualité peuvent être définis: un rendement exergétique $\eta_{ex} = \dfrac{\dot{Ex}^P}{\dot{Ex}^R}$ et un taux de dissipation $\xi = \dfrac{\dot{Ex}^D}{\dot{Ex}^R}$.

Pour une introduction générale de cette notion d'exergie, afin de souligner l'intérêt de l'analyse exergétique et situer la notion d'exergie par rapport à des systèmes différents fonctionnant en moteur ou bien récepteur, j'ai choisi une méthode généralisée inspirée des travaux de recherche de Radcenco [*Radcenco V., 1994*].

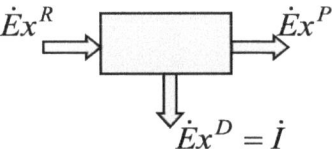

Figure 1.4: Schéma bilan exergétique d'un composant

L'exergie de la chaleur Q à la température T, représente le produit de la chaleur par un facteur qui porte le nom de facteur de Carnot: $\dot{E}x_Q^T = \left(1-\dfrac{T_0}{T}\right)\dot{Q}$, où T_0 représente une température de référence.

si $T>T_0$, $\dot{E}x_Q^T = \left(1-\dfrac{T_0}{T}\right)\dot{Q} = \eta_{Carnot}\dot{Q} = \left|\dot{W}_{max,Carnot}^{T_0,T}\right| > 0$

$>0 \quad >0$

si $T<T_0$, $\dot{E}x_Q^T = \left(1-\dfrac{T_0}{T}\right)\dot{Q} = -\dfrac{\dot{Q}}{COP_{Carnot}} = \dot{W}_{min,Carnot}^{T,T_0} > 0$

$<0 \quad <0$

Cycle direct

Les créations d'entropie dues aux pincements de températures aux niveaux des échangeurs d'un moteur quelconque (peu importe le cycle de fonctionnement moteur suivi) peuvent être exprimées à partir des bilans entropiques locaux, comme suit:

$$\dot{\Pi}_{\Delta T_h} = \dot{S}_h - \left|\dot{S}_H\right| = \dfrac{\dot{Q}_{in}}{T_h} - \dfrac{\dot{Q}_{in}}{T_H} \text{ et } \dot{\Pi}_{\Delta T_l} = \dot{S}_L - \left|\dot{S}_l\right| = \dfrac{\left|\dot{Q}_{out}\right|}{T_L} - \dfrac{\left|\dot{Q}_{out}\right|}{T_l} \qquad (1.1)$$

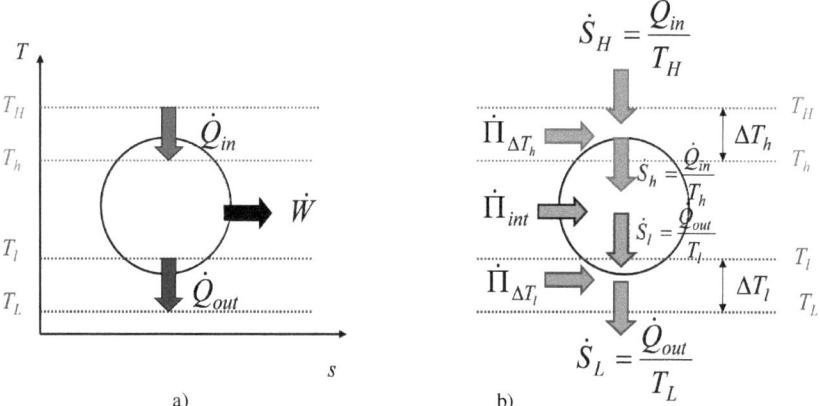

Figure 1.5: Schéma bilan énergétique (a) et entropique (b) – cycle moteur

Sachant que $|\dot{S}_l| = \dot{S}_h + \dot{\Pi}_{int}$, il résulte le bilan entropique global du cycle moteur:

$$\dot{S}_L = |\dot{S}_H| + \left(\dot{\Pi}_{\Delta T_h} + \dot{\Pi}_{\Delta T_l} + \dot{\Pi}_{int}\right) \quad (1.2)$$

Ou bien:

$$\frac{|\dot{Q}_{out}|}{T_L} = \frac{\dot{Q}_{in}}{T_H} + \left(\dot{\Pi}_{\Delta T_h} + \dot{\Pi}_{\Delta T_l} + \dot{\Pi}_{int}\right) \quad (1.3)$$

Dans ce bilan on peut remplacer $|\dot{Q}_{out}|$ par $\dot{Q}_{in} - |\dot{W}|$, en utilisant le bilan énergétique. L'équation précédente devient:

$$\frac{\dot{Q}_{in} - |\dot{W}|}{T_L} = \frac{\dot{Q}_{in}}{T_H} + \left(\dot{\Pi}_{\Delta T_h} + \dot{\Pi}_{\Delta T_l} + \dot{\Pi}_{int}\right) \quad (1.4)$$

relation qui devient, après multiplication par $T_L = T_0$:

$$\dot{Q}_{in} - |\dot{W}| = \dot{Q}_{in}\frac{T_0}{T_H} + T_0\left(\dot{\Pi}_{\Delta T_h} + \dot{\Pi}_{\Delta T_l} + \dot{\Pi}_{int}\right) \quad (1.5)$$

ou bien: $\left(1 - \dfrac{T_0}{T_H}\right)\dot{Q}_{in} = |\dot{W}| + T_0\left(\dot{\Pi}_{\Delta T_h} + \dot{\Pi}_{\Delta T_l} + \dot{\Pi}_{int}\right)$, donc

$$\dot{Ex}_{Q_{in}}^{T_H} = |\dot{W}| + \dot{I}_{\Delta T_h} + \dot{I}_{int} + \dot{I}_{\Delta T_l} \tag{1.6}$$

ou encore: $\quad |\dot{W}| = \left|\dot{W}_{max\_Carnot}^{T_L,T_H}\right| - \sum \dot{I} \tag{1.7}$

Ce bilan exergétique peut être schématisé comme indiqué sur la *Figure 1.6* et peut être interprété d'une manière très simple: le flux d'exergie cédée par la source chaude d'un moteur sert à fournir la puissance mécanique et à compenser les différentes pertes dues aux irréversibilités internes et externes, ou bien: la puissance mécanique fournie par un moteur représente la puissance mécanique maximale, que fournirait un moteur idéal (cycle de Carnot) qui fonctionnerait entre les mêmes niveaux de température, moins les irréversibilités internes et externes dues au fonctionnement réel.

Le rendement exergétique du moteur est le rapport de la puissance mécanique fournie par la dépense exergétique (ou le potentiel de départ):

$$\eta_{ex} = \dfrac{|\dot{W}|}{\dot{Ex}_{Q_{in}}^{T_H}} = \dfrac{|\dot{W}|}{\left|\dot{W}_{max\_Carnot}^{T_L,T_H}\right|} = \dfrac{\left|\dot{W}_{max\_Carnot}^{T_L,T_H}\right| - \sum \dot{I}}{\left|\dot{W}_{max\_Carnot}^{T_L,T_H}\right|} = 1 - \xi \tag{1.8}$$

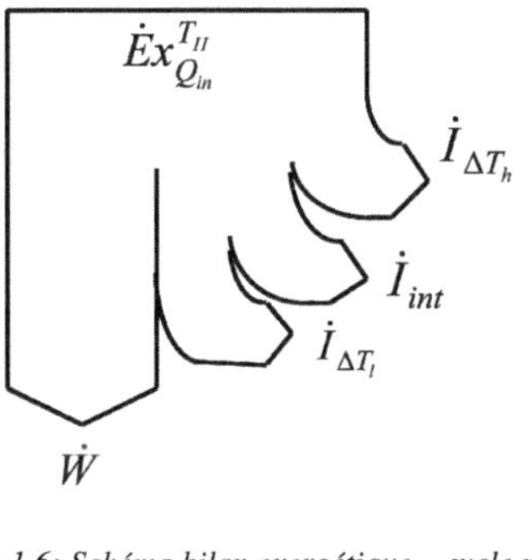

Figure 1.6: Schéma bilan exergétique – cycle moteur

Cycle inverse

Les coefficients de performance dépendent de l'utilisation de la machine réceptrice: $COP_{MAF} = \frac{\dot{Q}_{in}}{\dot{W}}$ et $COP_{PAC} = \frac{|\dot{Q}_{out}|}{\dot{W}}$.

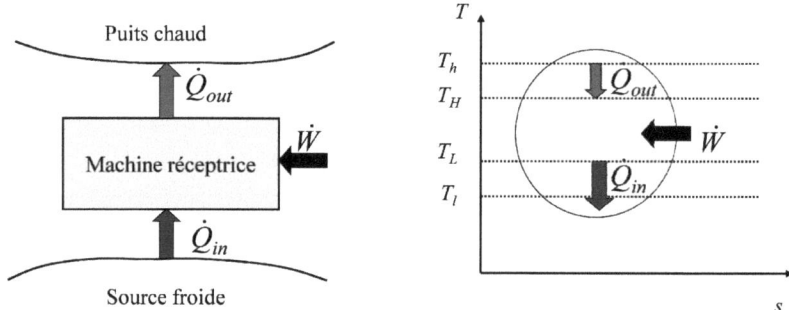

Figure 1.7: Schéma bilan énergétique d'une machine réceptrice

Les bilans entropiques s'écrivent comme suit:

- interne $|\dot{S}_h| = \dot{S}_l + \dot{\Pi}_{int}$ (1.9)

- global $\dot{S}_H = |\dot{S}_L| + \dot{\Pi}_{\Delta T_l} + \dot{\Pi}_{int} + \dot{\Pi}_{\Delta T_h}$ (1.10)

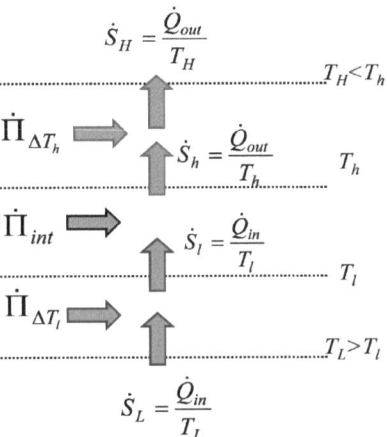

Figure 1.8: Schéma bilan entropique d'une machine réceptrice

Si **MAF**: $T_H=T_0$

$$\frac{|\dot{Q}_{out}|}{T_H} = \frac{\dot{Q}_{in}}{T_L} + \dot{\Pi}_{\Delta T_l} + \dot{\Pi}_{int} + \dot{\Pi}_{\Delta T_h} \text{ où } |\dot{Q}_{out}| = \dot{Q}_{in} + \dot{W}, \text{ donc}$$

$$\frac{\dot{Q}_{in} + \dot{W}}{T_H} = \frac{\dot{Q}_{in}}{T_L} + \dot{\Pi}_{\Delta T_l} + \dot{\Pi}_{int} + \dot{\Pi}_{\Delta T_h}, \text{ ou encore après multiplication par } T_H=T_0$$

$$\dot{W} = \dot{Q}_{in}\left(\frac{T_0}{T_L}-1\right) + T_0\left(\dot{\Pi}_{\Delta T_l} + \dot{\Pi}_{int} + \dot{\Pi}_{\Delta T_h}\right) = \frac{\dot{Q}_{in}}{COP_{MAF}^{Carnot}} + T_0\left(\dot{\Pi}_{\Delta T_l} + \dot{\Pi}_{int} + \dot{\Pi}_{\Delta T_h}\right) \quad (1.11)$$

Ainsi la puissance mécanique dépensée par la machine à froid $\dot{W} = \dot{W}_{min\_Carnot}^{T_L,T_0} + \sum \dot{i}$ représente la puissance mécanique d'une machine idéale de Carnot qui fonctionnerait entre les mêmes niveaux de température T_L et T_0, plus les irréversibilités dues au fonctionnement réel de la machine. Une autre interprétation très simple du bilan exergétique (*Figure 1.9 a)*) est la suivnte: la puissance mécanique dépensée par la machine frigorifique sert à fournir le flux d'exergie $\dot{Ex}_{Q_{in}}^{T_L}$ à la source froide et à compenser les différentes pertes exergétiques de la machine.

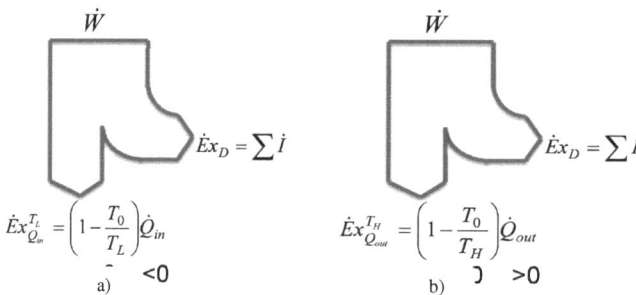

Figure 1.9: Schéma bilan exergétique –a) machine à froid, b) pompe à chaleur

Si **PAC**: $T_{SF}=T_0$

$$\frac{|\dot{Q}_{out}|}{T_H} = \frac{\dot{Q}_{in}}{T_L} + \dot{\Pi}_{\Delta T_l} + \dot{\Pi}_{int} + \dot{\Pi}_{\Delta T_h} \text{ où } \dot{Q}_{in} = |\dot{Q}_{out}| - \dot{W}, \text{ donc}$$

$$\frac{|\dot{Q}_{out}|}{T_H} = \frac{|\dot{Q}_{out}| - \dot{W}}{T_L} + \dot{\Pi}_{\Delta T_l} + \dot{\Pi}_{int} + \dot{\Pi}_{\Delta T_h}, \text{ où encore, après multiplication par } T_L = T_0:$$

$$\dot{W} = |\dot{Q}_{out}|\left(1 - \frac{T_0}{T_H}\right) + T_0\left(\dot{\Pi}_{\Delta T_l} + \dot{\Pi}_{int} + \dot{\Pi}_{\Delta T_h}\right) = \frac{|\dot{Q}_{out}|}{COP_{PAC}^{Carnot}} + T_0\left(\dot{\Pi}_{\Delta T_l} + \dot{\Pi}_{int} + \dot{\Pi}_{\Delta T_h}\right)$$

(1.12)

Ainsi, la puissance mécanique dépensée par la pompe à chaleur $\dot{W} = \dot{W}_{min\_Carnot}^{T_0,T_H} + \sum \dot{i}$ représente la puissance mécanique minimale dépensée par un cycle Carnot inversé plus les irréversibilités dues au fonctionnement réel. Cette équation est schématisée sur la *Figure 1.9.b)* et peut être interprétée de la manière suivante: la puissance mécanique dépensée par la pompe à chaleur sert à fournir le flux d'exergie $\dot{Ex}_{Q_{out}}^{T_H}$ au réservoir chaud et à compenser les irréversibilités dues au fonctionnement réel.

1.2.2. Illustrations simples

a) Comparaison de trois moteurs thermiques

Afin de mettre en évidence l'intérêt de la prise en considération de l'exergie dans l'étude des systèmes, on se propose de comparer les performances exergétiques de trois moteurs qui reçoivent la même puissance thermique à la source chaude $\dot{Q}_H$ = 50kW à des niveaux de température différents. Le premier utilise une source à T_H = 400°C, le second une chaleur résiduaire à 200°C alors que le troisième ne dispose que de 40°C au réservoir chaud. L'air ambiant qui constitue la source froide est caractérisé par la température T_L = 20°C.

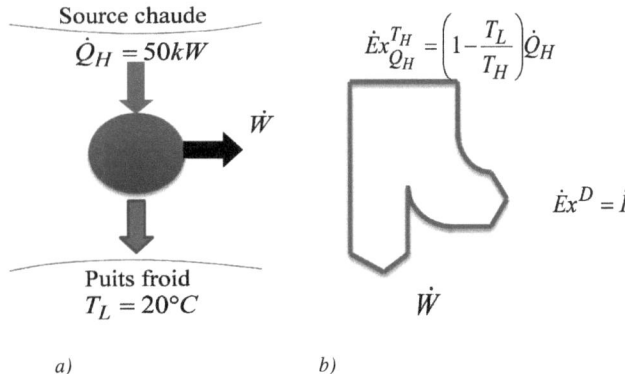

Figure 1. 10.: Schéma bilan énergétique (a) et exergétique (b) d'un moteur ditherme

La puissance mécanique produite $\dot{W}$ dépend de la température de la source chaude – il est bien connu que si l'on veut des moteurs puissants il faut augmenter l'écart de température entre les deux réservoirs de chaleur. A partir de ce raisonnement on a tendance à dire que la performance des moteurs augmente avec cet écart de température.

On verra dans cet exemple que si l'on doit choisir le meilleur convertisseur d'énergie des trois moteurs présentés ci-dessus, le critère de choix étant la qualité thermodynamique du moteur et non la puissance mécanique fournie, ce n'est pas le moteur qui récupère l'énergie thermique à la température la plus élevée qu'il faudra choisir.

A partir de ces données, on peut calculer le rendement énergétique, le rendement de Carnot, le flux d'exergie reçu à la source chaude (la fraction "mécanisable" de la quantité de chaleur consommée, c'est à dire la puissance mécanique que produirait un moteur parfait, de Carnot), le flux d'exergie dissipé et le rendement exergétique. Les résultats sont présentés dans le *Tableau 1.1*.

Tableau 1.1: Paramètres exergétiques de trois moteurs thermiques

T_H [°C]	$\dot{Q}_H$ [kW]	$\dot{W}$ [kW]	η	η_{Carnot}	$\dot{Ex}_{Q_H}^{T_H}$ [kW]	$\dot{Ex}^D$ [kW]	η_{ex}
400	50	10	0,2	0,56	28,23	18,23	0,35
200	50	8	0,16	0,38	19,02	11,02	0,42
40	50	2	0,04	0,06	3,19	1,19	0,63

Le rendement thermique représente le ratio de la puissance mécanique fournie par chaque moteur sur la puissance thermique reçue $\eta = \dfrac{|\dot{W}|}{\dot{Q}_H}$. Pour la même dépense énergétique, ce rendement va augmenter avec la puissance mécanique fournie. Par contre, le niveau de température n'est pas pris en compte dans ce rapport ; cette information échappe au premier principe de la thermodynamique. Si on prend comme référence le cycle de Carnot, son rendement augmente avec l'écart de température entre T_H et T_L, $\eta_{Carnot} = 1 - \frac{T_L}{T_H}$ et l'évolution du rendement réel suivra l'évolution du rendement de Carnot.

Ainsi, le bon indicateur de performance des moteurs est le rendement exergétique $\eta_{ex} = \frac{|\dot{W}|}{\dot{E}x_{Q_H}^{T_H}}$ qui va pouvoir confronter la puissance mécanique fournie $|\dot{W}|$, à la puissance mécanique maximale qu'un cycle idéal pourrait produire dans les mêmes conditions de température, en d'autres termes au potentiel de départ ou au flux d'exergie de la chaleur reçue à la source chaude $\dot{E}x_{Q_H}^{T_H}$. Le taux de dissipation des moteurs sera le rapport de l'exergie dissipée par le potentiel exergétique de départ $\xi = 1 - \eta_{ex} = \frac{\dot{E}x^D}{\dot{E}x_{Q_H}^{T_H}}$.

L'analyse du *Tableau 1.1* permet de remarquer que même si le rendement thermique diminue avec la diminution de la température de la source chaude, le rendement exergétique montre que le 3ème moteur présente un meilleur rendement exergétique et une exergie dissipée très faible. Cela veut dire que ce troisième moteur est de meilleure qualité thermodynamique, c'est-à-dire qu'il utilise mieux la chaleur qu'il reçoit, son taux de dissipation étant le plus faible!

b) Système de cogénération

Une deuxième illustration simple concerne un système de cogénération (*Figure 1.11*) qui sert à produire de l'énergie mécanique (convertie en électricité) et de l'énergie thermique (production d'eau chaude sanitaire à la source froide) avec une dépense d'énergie thermique au niveau de la source chaude (combustion).

Le *Tableau 1.2* présente les performances de l'installation de cogénération pour plusieurs températures de source froide T_L (température de fourniture de l'eau chaude sanitaire). La puissance mécanique produite est égale à 1kW peu importe ce niveau de température, de même que la consommation en combustible: puissance thermique dépensée égale à 8kW délivrée à 1000°C. La température ambiante est égale à 20°C. Par contre, la puissance thermique fournie à l'eau chaude sanitaire va augmenter avec la diminution de T_L.

La puissance perdue par l'installation vers le milieu ambiant $\dot{Q}_{perdue}$ est calculée pour chaque température de source froide à partir du bilan énergétique.

Le rendement thermique du système $\eta = \dfrac{|\dot{W}| + |\dot{Q}_L|}{\dot{Q}_H} = 1 - \dfrac{|\dot{Q}_{perdue}|}{\dot{Q}_H}$ va indiquer la fraction d'énergie récupérée soit sous forme de travail soit sous forme de chaleur par rapport à l'énergie dépensée. Il va augmenter si l'écart de température entre les sources augmente (diminution de T_L à T_H constante) ce qui correspond également à moins de pertes thermiques vers l'environnement (pertes nulles si $T_L = T_0$).

Par contre, la vraie qualité thermodynamique de l'installation sera indiquée par le rendement exergétique $\eta_{ex} = \dfrac{|\dot{W}| + |\dot{Ex}_{Q_L}^{T_L}|}{\dot{Ex}_{Q_H}^{T_H}}$ qui prend en compte les niveaux de température. L'effet utile exergétique étant $|\dot{W}| + |\dot{Ex}_{Q_L}^{T_L}|$ pour une dépense exergétique à la source chaude $\dot{Ex}_{Q_H}^{T_H}$.

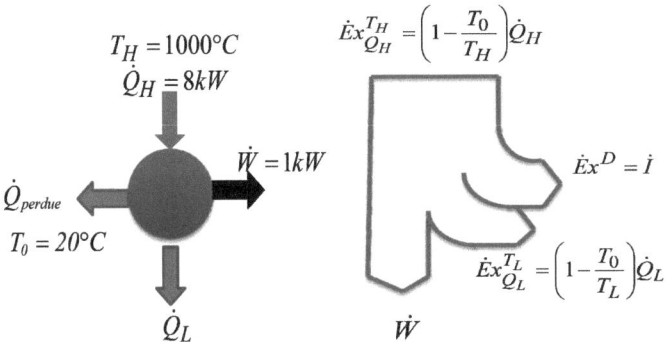

Figure 1. 11.: Schéma bilan énergétique (a) et exergétique (b) d'un système de cogénération

Tableau 1.2: Paramètres exergétiques d'un système de cogénération

T_L [°C]	80	70	60	50	40	30	20
$\dot{Q}_L$ [kW]	5.8	6	6.2	6.4	6.6	6.8	7
$\dot{Q}_{perdue}$ [kW]	1.2	1	0.8	0.6	0.4	0.2	0
η	0.85	0.875	0.9	0.925	0.95	0.975	1
$\dot{Ex}_{Q_L}^{T_L}$ [kW]	0.98	0.87	0.74	0.59	0.42	0.22	0
η$_{ex}$	0.35	0.33	0.31	0.28	0.25	0.22	0.18

L'analyse des résultats présentés dans le *Tableau 1.2* permet de remarquer que l'optimum exergétique ne correspond pas au maximum de rendement selon le 1er principe de la thermodynamique.

A 20°C la quantité d'énergie récupérée est maximale et le rendement thermique est égale à 100% - pas de pertes vers l'ambiance puisque la source froide est à T_0 (ΔT nul). En contrepartie, l'exergie de la chaleur fournie à l'eau chaude sanitaire est nulle, puisqu'une énergie fournie à la température ambiante n'a pas de valeur, étant inutilisable. Ainsi pour cette température de source froide, l'installation ne produira qu'une seule exergie utile, $\dot{W}$. En d'autres termes, produire de la chaleur à T_0 n'offre aucun intérêt et seul la fonction moteur est alors utilisée.

Là encore, la prise en considération du rendement thermique du système n'est pas suffisante pour une bonne analyse de la performance de fonctionnement et l'approche exergétique s'impose pour compléter cette analyse d'optimisation système.

1ère partie

Description des méthodes développées

2. THERMODYNAMIQUE EN DIMENSIONS PHYSIQUES FINIES (TDPF)

Dans le souci de comprendre le fonctionnement des machines complexes, nous avons développé une approche fondamentale des comportements thermiques et thermodynamiques. Elle regroupe les techniques de la thermodynamique en temps fini, vitesse finie, dimensions finies, qu'on pourrait dénommer sous le terme plus général de thermodynamique en dimensions physiques finies (TDPF).

Cette méthode prend en considération: les transferts de chaleur à différence finie non nulle de température (le temps de contact fini entre le fluide moteur et les réservoirs de chaleur), les surfaces d'échange thermique (ou les conductances) finies et la vitesse finie du déplacement des éléments mobiles de la machine qui imprime une vitesse finie de déroulement des processus thermodynamiques. Pour ces transferts, l'impact dynamique supplémentaire dû à la dépendance du coefficient de transfert thermique vis-à-vis de la vitesse de rotation de l'arbre moteur pour des cycles de Stirling est étudié. Cette analyse prend en compte les irréversibilités internes et externes qui accompagnent les processus réels pendant le fonctionnement de la machine, elle est nommée analyse du cycle endo-et exoirreversible.

De plus, elle prend en considération les contraintes qui se présentent à l'ingénieur. Dans les travaux actuels, les énergéticiens prennent la masse de gaz de travail comme paramètre principal imposé. Ceci ne correspond pas au besoin du motoriste qui s'intéresse plutôt aux facteurs physiques limitants tels la résistance mécanique et thermique de ses matériaux, la vitesse maximale, l'encombrement de sa machine, la surface totale d'échange. Ce point de vue est pris en compte dans ce qui suit. Une démarche d'optimisation est décrite en imposant les facteurs physiques limitants et en adimensionnant les grandeurs caractéristiques telles le travail, la puissance, la vitesse de rotation. Les résultats obtenus mettent en évidence des optima pour le travail, la puissance, la vitesse, d'une part et, d'autre part des nombres sans dimension et des grandeurs caractéristiques des phénomènes.

On introduit pour remplacer la masse, des paramètres comme la pression maximale (p_{max}), le volume maximum (V_{max}) et la surface ou la conductance (K_T) maximale. La vitesse de rotation est considérée comme variable principale puisque les transferts de chaleur et de masse sont dépendants d'une manière directe de la vitesse et seront naturellement exprimés en fonction d'elle.

Introduite par [*Chambadal P., 1957*], [*Novikov I., 1958*], [*Curzon F.L. et Ahlborn, B., 1975*] la thermodynamique en temps fini a été développée plus récemment par [*Radcenco V., 1994*], [*Feidt M., 1996*], [*Durmayaz, et al 2004*]. Nous nous sommes inspirés de cette méthode que nous avons modifiée afin d'apporter de nouvelles conclusions et propositions suite à cette approche plus pratique [*Rochelle P. et Grosu L., 2011*].

2.1. Cycle moteur Stirling exo-irréversible avec régénération imparfaite

Les équations qui décrivent le fonctionnement du cycle moteur Stirling exo-irréversible avec régénération imparfaite sont développées ci-dessous. La température du gaz chaud (volume de détente isotherme) et celle du gaz froid (volume de compression isotherme) sont respectivement T_h et T_l.

Les énergies transférées sont données par les relations suivantes:

- la chaleur reçue par le gaz à la température T_h, au niveau de la source chaude du moteur pour une régénération parfaite:

$$Q_{inrev} = mrT_h \ln\left(\frac{V_{max}}{V_{min}}\right) = mrT_h \ln(\varepsilon) \qquad (2.1)$$

où r est la constante caractéristique du gaz de travail, m est sa masse supposée être transférée entièrement du volume chaud vers le volume froid et inversement (on néglige le volume mort) et ε le rapport volumétrique de compression.

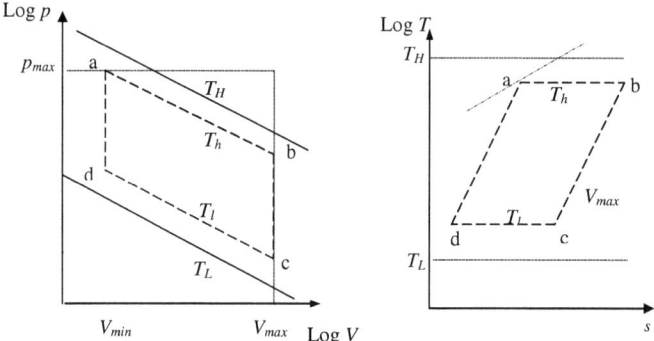

Figure 2.1: Cycle Stirling moteur exo-irréversible - domaine limité par p_{max}, V_{max}, T_L et T_H.

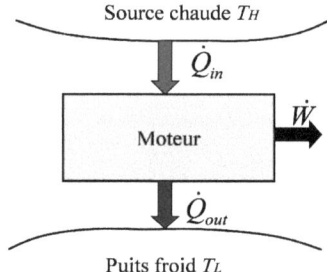

Figure 2.2: Schéma bilan énergétique d'un moteur ditherme

En utilisant l'expression du taux de compression $\varepsilon = \dfrac{V_{max}}{V_{min}}$ et en remplaçant mrT_h par $\dfrac{p_{max} V_{max}}{\varepsilon}$, on obtient:

$$Q_{inrev} = Q_{a-b} = p_{max} V_{max} \frac{\ln(\varepsilon)}{\varepsilon} = E_{\varepsilon} \qquad (2.2)$$

ce qui sera l'énergie de référence pour la suite.

- la chaleur cédée au puits froid par le gaz de travail, à la température T_l, pour une régénération parfaite:

$$|Q_{outrev}| = Q_{c-d} = mrT_l \ln(\varepsilon) = p_{max}V_{max}\frac{\ln(\varepsilon)}{\varepsilon}\frac{T_l}{T_h} = E_\varepsilon \frac{T_l}{T_h} \qquad (2.3)$$

- la chaleur stockée et déstockée dans le matériau du régénérateur pendant une transformation isochore, si la régénération est parfaite:

$$Q_{reg} = mc_v(T_h - T_l) = \frac{mrT_h}{(\gamma-1)}\left(1-\frac{T_l}{T_h}\right) = \frac{p_{max}V_{max}}{\varepsilon(\gamma-1)}\left(1-\frac{T_l}{T_h}\right) = \frac{E_\varepsilon}{\ln\varepsilon(\gamma-1)}\left(1-\frac{T_l}{T_h}\right) \quad (2.4)$$

où c_v est la chaleur spécifique à volume constant du gaz de travail.

- si la régénération est imparfaite, on définit un rendement de régénération par le rapport de la quantité de chaleur échangée au régénérateur par la quantité de chaleur idéale (Q_{reg}). Par conséquent, une quantité de chaleur supplémentaire Q_{reg}^S devrait être assurée par la source chaude. Cette quantité de chaleur est retrouvée également au puits froid : $Q_{reg}^S = (1-\eta_{reg})Q_{reg}$

Le rendement de régénération s'exprime donc par la relation: $\eta_{reg} = \dfrac{Q_{reg} - Q_{reg}^S}{Q_{reg}}$

En utilisant l'expression du taux de compression $\varepsilon = V_{max}/V_{min}$ et en remplaçant le produit mrT_h par $p_{max}V_{min} = \dfrac{p_{max}V_{max}}{\varepsilon}$, on obtient:

$$Q_{reg}^S = \frac{p_{max}V_{min}}{\gamma-1}\left(1-\frac{T_l}{T_h}\right)(1-\eta_{reg}) = \frac{p_{max}V_{max}}{\gamma-1}\frac{1}{\varepsilon}\left(1-\frac{T_l}{T_h}\right)(1-\eta_{reg}) \qquad (2.5)$$

ou encore $Q_{reg}^S = E_\varepsilon k\left(1 - \frac{T_l}{T_h}\right)$, en utilisant la notation k pour définir le facteur des pertes au régénérateur $k = \frac{(1-\eta_{reg})}{ln\,\varepsilon(\gamma-1)}$.

- les quantités de chaleur échangées avec les réservoirs de chaleur chaud et froid, pour une régénération imparfaite:

$$|Q_{out}| = |Q_{outrev}| + Q_{reg}^S = E_\varepsilon \left[\frac{T_l}{T_h} + k\left(1 - \frac{T_l}{T_h}\right)\right] \quad (2.6)$$

$$Q_{in} = Q_{inrev} + Q_{reg}^S = E_\varepsilon \left[1 + k\left(1 - \frac{T_l}{T_h}\right)\right] \quad (2.7)$$

➢ Il en résulte le travail fourni par cycle en valeur absolue:

$$|W| = Q_{in} - |Q_{out}| = E_\varepsilon \left(1 - \frac{T_l}{T_h}\right) \quad (2.8)$$

On note ici que ce travail fourni par cycle est indépendant du rendement de régénération η_{reg}.

Pour une vitesse de rotation donnée n, on obtient les flux de chaleur aux réservoirs:

$$|\dot{Q}_{out}| = n|Q_{out}| = nE_\varepsilon \left[\frac{T_l}{T_h} + k\left(1 - \frac{T_l}{T_h}\right)\right] = K_l(T_l - T_L) \quad (2.9)$$

$$\dot{Q}_{in} = nQ_{in} = nE_\varepsilon \left[1 + k\left(1 - \frac{T_l}{T_h}\right)\right] = K_h(T_H - T_h) \quad (2.10)$$

où K_l et K_h représentent les conductances respectivement au puits froid et à la source chaude.

L'examen de la dérivée du travail par rapport à ε, fait apparaître l'existence d'une valeur optimale du taux de compression qui maximise le travail. La dérivée s'annule pour $\varepsilon = \varepsilon_{opt} = \exp(1) = e \approx 2.72$ peu importe si la régénération est parfaite ou pas. On obtient un travail maximum W_{max} dans ces conditions, qui a l'expression suivante:

$$|W_{max}| = \frac{p_{max}V_{max}}{e}\left(1-\frac{T_l}{T_h}\right) = E_{\varepsilon=e}\left(1-\frac{T_l}{T_h}\right) \tag{2.11}$$

Le rendement thermique s'exprime par:

$$\eta = \frac{|W|}{Q_{in}} = \frac{\left(1-\frac{T_l}{T_h}\right)}{1+k\left(1-\frac{T_l}{T_h}\right)} \tag{2.12}$$

On note par K_T la conductance totale du moteur ($K_T = K_h + K_l$), α le rapport K_h/K_T et τ le rapport des températures des réservoirs de chaleur ($\tau = T_L/T_H$). On va noter également par τ_h et τ_l les rapports des températures du gaz par celles des réservoirs $\tau_h = T_h/T_H$ et $\tau_l = T_l/T_H$.

Soit $n_\varepsilon = \frac{K_T \cdot T_H}{E_\varepsilon}$, avec $K_T \cdot T_H$ la puissance thermique de référence ; n_ε a la dimension de la vitesse de rotation (l'inverse du temps), il sera la vitesse de rotation de référence.

Il est maintenant possible de définir la puissance adimensionnée en divisant la puissance par les paramètres de référence $K_T \cdot T_H$ ou $n_\varepsilon E_\varepsilon$. La vitesse adimensionnée sera n^* ($=n/n_\varepsilon$) et de cette manière les flux de chaleur adimensionnés seront:

$$\dot{Q}_{in}^* = \frac{\dot{Q}_{in}}{n_\varepsilon E_\varepsilon} = n^*\left[1+k\left(1-\frac{\tau_l}{\tau_h}\right)\right] = \alpha(1-\tau_h)$$

$$\dot{Q}_{out}^* = \frac{\dot{Q}_{out}}{n_\varepsilon E_\varepsilon} = -n^*\left[\frac{\tau_l}{\tau_h}+k\left(1-\frac{\tau_l}{\tau_h}\right)\right] = (1-\alpha)(\tau-\tau_l) \tag{2.13}$$

Ainsi, on obtient deux équations qui expriment les deux variables dépendantes adimensionnées τ_l et τ_h en fonction de la variable indépendante n^*:

$$\begin{cases} \tau_l = \dfrac{\tau_h}{k}[k+1-\dfrac{\alpha}{n^*}\cdot(1-\tau_h)] \\ \tau_l = \dfrac{\tau_h \cdot [n^* \cdot k + (1-\alpha)\cdot \tau]}{[(k-1)\cdot n^* + (1-\alpha)\cdot \tau_h]} \end{cases} \quad (2.14)$$

ce qui permet d'écrire, après combinaison et factorisation

$$a \cdot \tau_h^2 - (a - b\cdot n^*)\cdot \tau_h - n^* \cdot (n^* + c) = 0 \quad (2.15)$$

avec a, b et c des fonctions de paramètres constants (k, τ, α):

$$a = \alpha \cdot (1-\alpha)$$
$$b = (k-1) + 2\cdot(1-\alpha) \quad (2.16)$$
$$\text{et } c = k\cdot(1-\alpha)\cdot \tau + \alpha \cdot (k-1)$$

La solution physique de cette équation de deuxième degré est

$$\tau_h = \dfrac{(a-b\cdot n^*)}{2\cdot a} + \dfrac{\sqrt{(b^2+4\cdot a)\cdot n^{*2} + 2\cdot a\cdot(2\cdot c - b)\cdot n^* + a^2}}{2\cdot a} \quad (2.17)$$

Ainsi, la puissance mécanique adimensionnée peut être écrite par l'équation suivante

$$|\dot{W}^*| = n^*|W^*| = \dfrac{|\dot{W}|}{n_\varepsilon E_\varepsilon} = \dot{Q}_{in}^* + \dot{Q}_{out}^* = n^*\left(1 - \dfrac{\tau_l}{\tau_h}\right) = \alpha(1-\tau_h) + (1-\alpha)(\tau - \tau_l) \quad (2.18)$$

et le rendement sera

$$\eta = \dfrac{|\dot{W}|}{\dot{Q}_{in}} = \dfrac{\left(1 - \dfrac{\tau_l}{\tau_h}\right)}{1 + k\left(1 - \dfrac{\tau_l}{\tau_h}\right)} \quad (2.19)$$

Il faut noter que si l'on remplace $\left(1-\dfrac{\tau_l}{\tau_h}\right)$ dans l'équation de la puissance adimensionnée par $\dfrac{\eta}{1-k\cdot\eta}$ (donné par l'équation précédente) on obtient

$$\left|\dot{W}^*\right|=\dfrac{n^*\eta}{1-k\eta} \quad (2.20)$$

où η dépend de n^*. Le travail adimensionné sera le suivant:

$$W^*=1-\dfrac{\tau_l}{\tau_h} \quad (2.21)$$

La pression moyenne théorique peut être également exprimée:

$$pm=\dfrac{|W|}{V_{max}-V_{min}}=\dfrac{|W|\cdot\varepsilon}{V_{max}\cdot(\varepsilon-1)}=p_{max}\cdot\dfrac{\ln(\varepsilon)}{(\varepsilon-1)}\cdot(1-\dfrac{\tau_l}{\tau_h}) \quad (2.22)$$

et, après adimensionnement par rapport à p_{max}:

$$pm^*=\dfrac{\ln(\varepsilon)}{\varepsilon}\cdot(1-\dfrac{\tau_l}{\tau_h}) \quad (2.23)$$

La puissance adimensionnée devient:

$$\left|\dot{W}^*\right|=\dfrac{\alpha}{k}\left[1-\tau_h-\dfrac{n^*}{\alpha}\right]=\dfrac{\alpha}{2ak}\left[a+\left(b-\dfrac{2a}{\alpha}\right)n^*\right]-\sqrt{(b^2+4a)n^{*2}+2a(2c-b)n^*+a^2} \quad (2.24)$$

Si on note que $\left(b-\dfrac{2\cdot a}{\alpha}\right)=(k-1)$ et après développement des coefficients b et c on obtient la puissance adimensionnée en fonction de tous les paramètres du problème.

Dans la *Figure 2.3* on trace l'évolution de W^* et $\dot{W}^*$ en valeurs absolues en fonction de n^* et ε, afin de mettre en évidence la forte influence de la vitesse de rotation et la faible influence du taux de compression sur W^*. On montre également la forte influence de la vitesse sur $\dot{W}^*$ et des faibles valeurs du rapport volumétrique de compression. Pour la vitesse de rotation optimale (environ 0.06), la puissance se stabilise pour un rapport volumétrique de compression supérieur à 3.

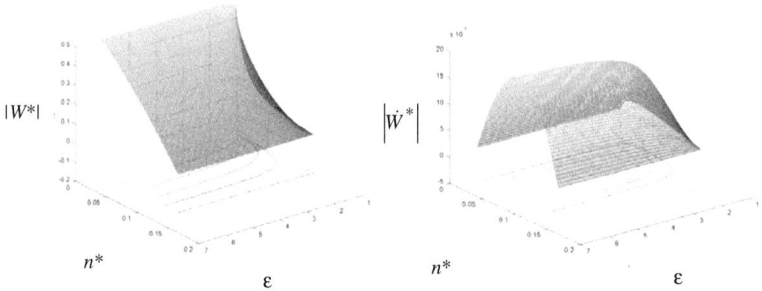

Figure 2.3: W^* *et* $\dot{W}^*$ *en fonction de* n^* *et* ε *(pour* $\gamma = 1.4$, $\tau = 0.5$, $\alpha = 0.5$, $\eta_{reg} = 0.5$*)*

La dérivée de la puissance adimensionnée par rapport à n^* s'écrit sous la forme:

$$\frac{\partial |\dot{W}^*|}{\partial n^*} = -\frac{\alpha}{k}\frac{\partial \tau_h}{\partial n^*} - \frac{1}{k} \qquad (2.25)$$

La puissance adimensionnée présente un maximum en fonction de n^* lorsque sa dérivée s'annule. On obtient, après quelques calculs, la solution de cette équation qui est la suivante:

$$n^*_{\dot{W}max} = \frac{\alpha\cdot(1-\alpha)}{(k-1)^2+4\cdot k\cdot(1-\alpha)}\cdot\left\{2\cdot k\cdot(1-\alpha)\cdot(1-\tau)-(k-1)\cdot\left[1-\sqrt{\tau+k\cdot(1-\tau)\cdot[1-(1-\tau)\cdot(1-\alpha)]}\right]\right\}$$

D'où les paramètres optimum suivants:

$$\left|\dot{W}^*_{max}\right| = \frac{\alpha\cdot(1-\alpha)}{(k-1)^2+4\cdot k\cdot(1-\alpha)}\cdot\left\{1+\tau+k\cdot(1-\tau)-2\sqrt{\tau+k\cdot(1-\tau)\cdot[1-(1-\tau)\cdot(1-\alpha)]}\right\}$$

$$W^*_{\dot{W}max} = 1-\left(\frac{\tau_L}{\tau_h}\right)_{\dot{W}max} = \frac{\left\{1+\tau+k\cdot(1-\tau)-2\sqrt{\tau+k\cdot(1-\tau)\cdot[1-(1-\tau)\cdot(1-\alpha)]}\right\}}{\left\{2\cdot k\cdot(1-\alpha)\cdot(1-\tau)-(k-1)\cdot\left[1-\sqrt{\tau+k\cdot(1-\tau)\cdot[1-(1-\tau)\cdot(1-\alpha)]}\right]\right\}}$$

$$\eta_{W\,max} = \frac{(k-1)\cdot(1-\tau)+2\cdot(1-\sqrt{\tau+k\cdot(1-\tau)\cdot[1-(1-\tau)\cdot(1-\alpha)]})}{k\cdot(1-\tau)\cdot(1+k-2\cdot\alpha)+(1+k)\cdot(1-\sqrt{\tau+k\cdot(1-\tau)\cdot[1-(1-\tau)\cdot(1-\alpha)]})} \quad (2.26)$$

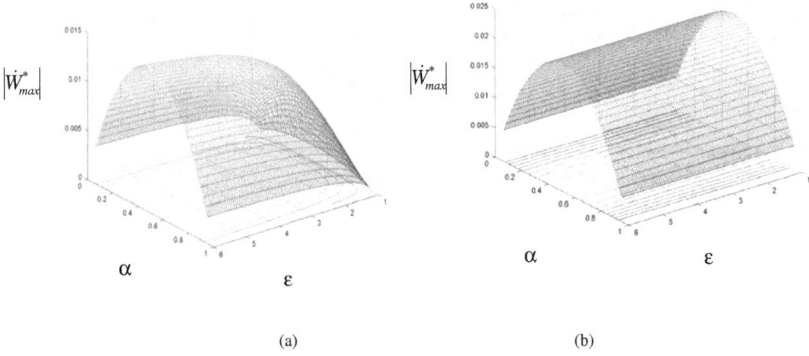

(a) (b)

Figure 2.4: Evolution du maximum de puissance adimensionnée en fonction de α et ε:

(a) sans régénération et (b) avec régénération parfaite (pour γ = 1.4, τ = 0.5)

La *Figure 2.4* confirme l'intérêt de l'équipartition (α = 1/2) de la conductance entre la source chaude et le puits froid qui entraine un maximum de puissance réduite et une influence du taux de compression semblable à celle constatée sur la *Figure 2.3*, pour une régénération imparfaite. On montre également ici qu'une référence absolue de puissance est nécessaire puisque, même pour une valeur optimale de α et une régénération parfaite (*Figure 2.4 b*), la puissance dimensionnée varie avec le rapport volumétrique de compression, ce qui n'est pas évident en considérant les résultats de l'adimensionnement actuel.

Cas particulier de la régénération parfaite

Dans ce cas, il n'y a pas de pertes au niveau du régénérateur, ce qui fait que le coefficient *k* est nul et le calcul plus simple. Ainsi:

$$\tau_{h0} = 1 - \frac{n^*}{\alpha} \tag{2.27}$$

$$\tau_{l0} = \frac{(1-\alpha)\tau}{(1-\alpha)-\dfrac{n^*}{\tau_h}} = \frac{(1-\alpha)(\alpha-n^*)\tau}{\alpha(1-\alpha)-n^*} = \left[1 + \frac{\alpha n^*}{(\alpha-n^*)}\right]\tau \tag{2.28}$$

Le rendement, la puissance adimensionnée et le travail adimensionné deviennent:

$$\eta_0 = 1 - \frac{\tau_{l0}}{\tau_{h0}} = 1 - \frac{\alpha(1-\alpha)\tau}{\alpha(1-\alpha)-n^*} = 1 + \frac{\alpha n^*}{(\alpha-n^*)} \tag{2.29}$$

$$\left|\dot{W}^*_{rev}\right| = n^*\left(1 - \frac{\tau_{l0}}{\tau_{h0}}\right) = n^*\left(1 - \frac{\alpha\tau}{(\alpha-n^*)}\right) = n^*\eta_0 \tag{2.30}$$

$$\left|W^*_{rev}\right| = \frac{\left|\dot{W}^*_{rev}\right|}{n^*} = 1 - \frac{\tau_{l0}}{\tau_{h0}} = \eta_0 = 1 - \frac{\alpha n^*}{(\alpha-n^*)} \tag{2.31}$$

Puissance maximale

En annulant la dérivée de la puissance par rapport à n^* on obtient la valeur optimale de la vitesse adimensionnée qui maximise la puissance adimensionnée:

$$n^*_{\dot{W}_{max}} = a\left(1-\sqrt{\tau}\right) = \alpha(1-\alpha)\left(1-\sqrt{\tau}\right) \tag{2.32}$$

qui correspond au maximum de puissance:

$$\dot{W}^*_{rev\,max} = a\left(1-\sqrt{\tau}\right)^2 = \alpha(1-\alpha)\left(1-\sqrt{\tau}\right)^2 \tag{2.33}$$

et $\quad \eta_{0\dot{W}\,max} = 1 - \sqrt{\tau} \tag{2.34}$

On retrouve le bien connu "nice radical" de [*Curzon et Ahlborn, 1975*]. On retrouve également l'existence d'un maximum maximorum de la puissance, obtenu en fonction de α, pour une valeur facilement déduite égale à ½, comme démontré par [*Bejan, 1996*].

$$\dot{W}^*_{max\,max} = \frac{(1-\sqrt{\tau})^2}{4} \tag{2.35}$$

et $\quad n^*_{\dot{W}\,max\,max} = \frac{(1-\sqrt{\tau})}{4} \tag{2.36}$

Le travail adimensionnée est exprimé par:

$$\left|W^*_{rev\,\dot{W}\,max}\right| = \eta_{0\dot{W}\,max} = 1 - \sqrt{\tau} \tag{2.37}$$

et la pression moyenne adimensionnée par $pm_{\dot{W}_{max}} = \frac{\ln(\varepsilon)}{\varepsilon - 1}\left(1 - \sqrt{\tau}\right)$

Travail maximum

En reprenant l'expression du travail adimensionné, son maximum est obtenu pour $n^* = 0$. Par conséquent la puissance est nulle et le rendement est maximum et égale au rendement de Carnot exo-réversible:

$$\left|W^*_0\right| = \eta_{rev\,max} = 1 - \tau \tag{2.38}$$

Ce sont les résultats de la thermodynamique classique (avec $\tau_L = \tau_l$ et $\tau_H = \tau_h$).

La pression moyenne adimensionnée correspondante sera:

$$pm_0 = \frac{\ln(\varepsilon)}{(\varepsilon - 1)} \cdot (1 - \tau) \tag{2.39}$$

Vitesse limite

A la vitesse de rotation maximale les températures des volumes chaud et froid seront identiques et, conséquemment, la puissance, le travail et le rendement du moteur seront nuls.

$$n^*_{\lim} = a \cdot (1 - \tau) = \alpha \cdot (1 - \alpha) \cdot (1 - \tau) \tag{2.40}$$

On peut montrer que cette limite est la même quelque soit le rendement de régénération.

La valeur minimale de la vitesse de rotation limite est obtenue pour α = ½ et s'écrit sous la forme suivante:

$$n^*_{\lim\min} = \frac{(1-\tau)}{4} \tag{2.41}$$

Références absolues

Comme on l'a montré précédemment, pour les paramètres fixés (p_{max}, V_{max}, T_H, T_L, K_T), et les paramètres d'ajustement (α, ε, η_{reg}, γ), il existe des références absolues

pour le travail, $$W_{max\,max} = \frac{p_{max}V_{max}(1-\tau)}{e} = E_{\varepsilon=e}(1-\tau) \tag{2.42}$$

pour la puissance, $$\dot{W}_{max\,max} = K_T T_H \frac{(1-\sqrt{\tau})^2}{4} \tag{2.43}$$

et pour la vitesse de rotation

$$n_{\lim\min} = \frac{K_T \cdot T_H \cdot e \cdot (1-\tau)}{p_{max} \cdot V_{max} \cdot 4} \tag{2.44}$$

On est amené naturellement à utiliser ces références pour adimensionner la puissance, le travail et la vitesse de rotation et avoir de cette manière une comparaison absolue. Dans ces conditions, les nouveaux paramètres adimensionnés sont:

$$W^{**} = W^* \frac{\ln(\varepsilon)}{\varepsilon} \frac{e}{1-\tau}, \quad \dot{W}^{**} = \dot{W}^* \frac{4}{(1-\sqrt{\tau})^2} \quad \text{et} \quad n^{**} = n^* \frac{4\varepsilon}{(1-\tau)\ln(\varepsilon)e} . \tag{2.45}$$

La *Figure 2.5* présente l'évolution des paramètres adimensionnés $\dot{W}^{**}$ et W^{**} en fonction de n^{**} et ε. En comparant avec la *Figure 2.3*, l'influence du rapport volumétrique de compression sur le travail (ou le couple) est plus importante. Si on cherche le travail (ou le couple) maximum aux faibles vitesses de rotation, on doit prévoir un taux de compression proche de $\varepsilon \cong 2.72$. Lorsque la vitesse croît, la décroissance du travail est plus rapide pour $\varepsilon \cong 2.72$ que pour les valeurs plus grandes ou plus petites du taux. La conséquence de ce choix sur la puissance est que la vitesse limite sera minimum (puissance nulle) pour cette valeur ($\varepsilon \cong 2.72$). C'est une valeur à privilégier pour fonctionner dans une plage de vitesses faibles (de 0 à 1) et donc avec des charges dynamiques faibles sans pénaliser le maximum de la puissance qui restera proche de son maximum maximorum.

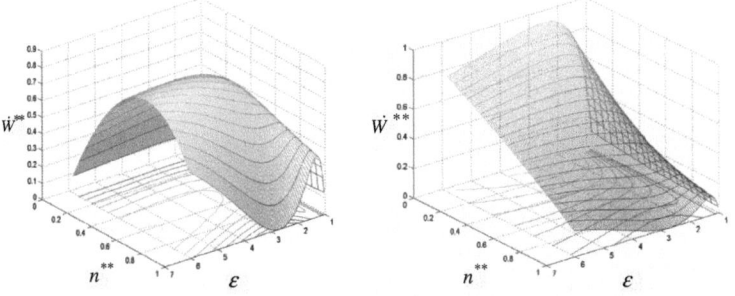

Figure 2.5: $\dot{W}^{**}$ *et* W^{**} *en fonction de la vitesse n** et du taux de compression* ε, *avec références absolues (pour* $\gamma = 1.4$, $\tau = 0.5$, $\alpha = 0.5$, $\eta_{reg} = 0.5$)

Pour des faibles valeurs de rapport volumétrique de compression et des vitesses de rotation élevées, il existe un « plissement » de la surface représentative de la puissance, qui indique la possibilité d'une optimisation secondaire.

Optimisation secondaire des moteurs à faible différence des températures

La *Figure 2.6* montre l'évolution de la puissance réduite absolue en fonction de la vitesse et du rapport volumétrique de compression pour un faible rapport des températures des réservoirs ($\tau = 0.95$) et, ici, une régénération nulle.

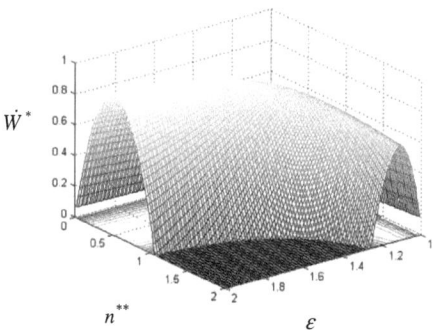

Figure 2.6: Puissance réduite absolue en fonction de la vitesse réduite absolue n^{**} et du rapport volumétrique de compression ε ($\tau = 0.95$, $\gamma = 1.4$, $\alpha = 0.5$, $\eta_{reg}=0$)

Dans le cas des moteurs de type Gamma à faible rapport des températures des réservoirs, il est difficile de dépasser des valeurs de ε supérieures à 2 du fait de leur configuration. Ceci empêche l'optimisation principale en puissance de ces moteurs, qui obligerait à rechercher le rapport de compression volumétrique maximal, ce qui est utopique, et donnerait une valeur de la vitesse réduite de l'ordre de 0.5. On s'aperçoit cependant qu'il existe des valeurs faibles du rapport volumétrique (dans ce cas, de l'ordre de 1.1), qui permettent d'obtenir une puissance réduite supérieure à 0.6 sur une large plage de vitesse avec un maximum correspondant à une vitesse réduite comprise entre 0.5 et 2 (et plus). Cette optimisation secondaire sera appliquée en sacrifiant certes une partie de la puissance maximale possible mais en facilitant fortement la réalisation de la machine (l'influence des volumes morts de la machine au niveau des échangeurs, par exemple, sur la performance étant plus faible pour des taux de compression faibles).

2.2. Cycle récepteur Stirling exo-irréversible avec régénération imparfaite

Nous avons développé la méthode de la Thermodynamique en Dimensions Physiques Finies au cycle Stirling inverse exo-irréversible avec régénération imparfaite, représenté dans la *Figure 2.7*. Les énergies transférées sont les suivantes:

- la chaleur cédée au réservoir chaud par le gaz de travail à la température T_h, pour une régénération parfaite:

$$|Q_{outrev}| = |Q_{c-d}| = p_{max} V_{max} \frac{\ln \varepsilon}{\varepsilon} = E_\varepsilon \qquad (2.46)$$

où on a noté par E_ε une énergie de référence.

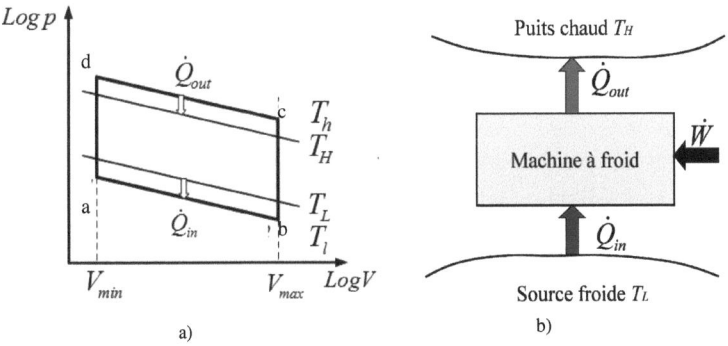

Figure 2.7: Cycle de Stirling inverse exo-irréversible: a) Diagramme Logp-LogV dans le domaine limité par p_{max}, V_{max}, T_l et T_h ; b) Schéma bilan énergétique

- la chaleur prélevée au réservoir froid par le gaz de travail à la température T_l, pour une régénération parfaite:

$$Q_{inrev} = Q_{a-b} = p_{max}V_{max}\frac{ln\,\varepsilon}{\varepsilon}\frac{T_l}{T_h} = E_\varepsilon \frac{T_l}{T_h} = E_\varepsilon \frac{T_l}{T_h} \qquad (2.47)$$

- la chaleur échangée au régénérateur (chaleur stockée et déstockée par le gaz de travail) pendant une transformation isochore pour une régénération parfaite :

$$Q_{reg} = mc_v(T_h - T_l) = \frac{mrT_h}{(\gamma-1)}\left(1 - \frac{T_l}{T_h}\right) = \frac{p_{max}V_{max}}{\varepsilon(\gamma-1)}\left(1 - \frac{T_l}{T_h}\right) = \frac{E_\varepsilon}{ln\,\varepsilon(\gamma-1)}\left(1 - \frac{T_l}{T_h}\right) \quad (2.48)$$

Si la régénération est imparfaite, seulement une partie de la quantité Q_{reg} est stokée/destockée dans le matériau du régénérateur. Par conséquent, une quantité de chaleur Q_{reg}^S devrait être enlevée à celle cédée par le puits froid et à celle délivrée à la source chaude ($Q_{reg}^S > 0$).

$$Q_{reg}^S = (1 - \eta_{reg})Q_{reg} \qquad (2.49)$$

Le rendement de régénération s'exprime donc par la relation :

$$\eta_{reg} = \frac{Q_{reg} - Q_{reg}^S}{Q_{reg}} \qquad (2.50)$$

En utilisant l'expression du taux de compression $\varepsilon = V_{max}/V_{min}$ et en remplaçant le produit mrT_h par $p_{max}V_{min} = \frac{p_{max}V_{max}}{\varepsilon}$, on obtient :

$$Q_{reg}^S = \frac{p_{max}V_{min}}{\gamma-1}\left(1 - \frac{T_l}{T_h}\right)(1 - \eta_{reg}) = \frac{p_{max}V_{max}}{\gamma-1}\frac{1}{\varepsilon}\left(1 - \frac{T_l}{T_h}\right)(1 - \eta_{reg}) \qquad (2.51)$$

ou encore $Q_{reg}^S = E_\varepsilon k\left(1 - \frac{T_l}{T_h}\right)$, en utilisant la notation k pour définir le facteur des pertes au régénérateur $k = \frac{(1 - \eta_{reg})}{ln\,\varepsilon(\gamma-1)}$ \qquad (2.52)

- les quantités de chaleur échangées pour une régénération imparfaite s'écrivent donc :

$$\left|Q_{out}\right| = \left|Q_{c-d}\right| - Q_{reg}^{S} = \left|Q_{outrev}\right| - Q_{reg}^{S} = E_{\varepsilon}\left[1 - k\left(1 - \frac{T_l}{T_h}\right)\right] \quad (2.53)$$

$$Q_{in} = Q_{a-b} - Q_{reg}^{S} = Q_{inrev} - Q_{reg}^{S} = E_{\varepsilon}\left[\frac{T_l}{T_h} - k\left(1 - \frac{T_l}{T_h}\right)\right] \quad (2.54)$$

Il en résulte le travail dépensé par cycle en valeur absolue:

$$W = \left|Q_{out}\right| - Q_{in} \quad (2.55)$$

On note ici que ce travail est indépendant du rendement de régénération η_{reg}.

Pour une vitesse de rotation donnée n, on obtient le flux de chaleur au réservoir chaud/source froide:

$$\dot{Q}_{out} = n\left|Q_{out}\right| = nE_{\varepsilon}\left[1 - k\left(1 - \frac{T_l}{T_h}\right)\right] = K_h(T_h - T_H) \quad (2.56)$$

$$\dot{Q}_{in} = nQ_{in} = nE_{\varepsilon}\left[\frac{T_l}{T_h} - k\left(1 - \frac{T_l}{T_h}\right)\right] = K_l(T_L - T_l) \quad (2.57)$$

où K_l et K_h représentent les conductances de la source froide et respectivement du réservoir chaud.

Le coefficient de performance *COP* de la machine à froid qui fonctionne selon un cycle de Stirling, peut être déterminé avec le rapport:

$$COP = Q_{in}/W \quad (2.58)$$

En résumé, la méthode de la Thermodynamique en Dimensions Physiques Finies est une méthode qui permet la description du fonctionnement des machines Stirling d'une manière simple et rapide (temps de calcul réduit). Elle se base sur l'analyse de chaque processus du cycle qui se déroule en temps fini, le point de départ étant le cycle théorique (deux isothermes et deux isochores). Des expressions de calcul pour les énergies (et puissances) échangées et pour le rendement (ou COP) sont déduites et corrigées par la prise en considération des différentes pertes dues aux irréversibilités internes et externes. Les résultats permettent une première orientation du dimensionnement du système. Pour que cette analyse thermodynamique soit plus complète, une analyse exergétique s'impose, afin d'amener au même dénominateur commun les performances des machines, par la prise en considération des niveaux de température (sources et milieu ambiant) et du potentiel exergétique de départ de chaque machine.

3. COUPLAGE DE LA METHODE TDPF AVEC L'ANALYSE EXERGETIQUE

La méthode TDPF présentée dans le chapitre précédent a été complétée avec une analyse exergétique locale, au niveau des échangeurs et globale au niveau système. Après une analyse énergétique, entropique et exergétique des échangeurs chaud et froid du moteur, des modèles d'optimisation du fonctionnement sont présentés, avec comme fonction objectif respectivement la puissance, la création d'entropie et le rendement exergétique global, avec une contrainte sur la surface totale d'échange de chaleur des échangeurs.

3.1. Etude de l'échangeur froid

L'échangeur froid permet d'évacuer de la chaleur du fluide de travail vers le réservoir froid du moteur.

Le diagramme fonctionnel présenté sur la *Figure 3.1* fait apparaître les flux énergétique, entropique et exergétique transférés du fluide cyclé vers le fluide caloporteur froid.

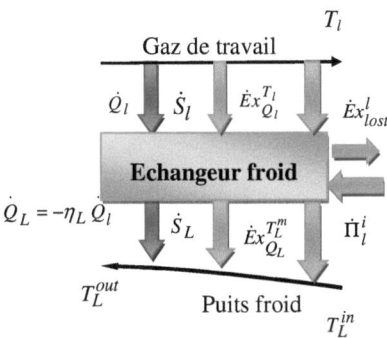

Figure 3.1: Diagramme fonctionnel de l'échangeur froid

Bilan énergétique

Dans le cas général, le bilan énergétique s'écrit sous la forme intégrale suivante:

$$\frac{dE}{dt} = \sum \dot{Q} + \sum \dot{W} + \left(h_{in} + \frac{w_{in}^2}{2} + gz_{in}\right)\dot{m}_{in} - \left(h_{out} + \frac{w_{out}^2}{2} + gz_{out}\right)\dot{m}_{out} \quad (3.1)$$

Sous l'hypothèse d'un régime permanent, le bilan énergétique des deux fluides mis en contact à l'échangeur froid s'écrit:

- pour le fluide cyclé:

$$0 = \dot{Q}_l + \dot{W}_{34} \quad (3.2)$$

pour le fluide caloporteur:

$$0 = \dot{Q}_L - \dot{m}_L c_p \left(T_L^{out} - T_L^{in}\right) \quad (3.3)$$

Bilan entropique

Le deuxième principe de la thermodynamique permet d'écrire le bilan entropique de la manière suivante:

$$\frac{dS}{dt} = \sum s_{in}\dot{m}_{in} - \sum s_{out}\dot{m}_{out} + \sum \frac{\dot{Q}}{T} + \sum \dot{\Pi} \quad (3.4)$$

Toujours sous l'hypothèse d'un régime permanent, le bilan entropique s'écrit

- pour le fluide cyclé:

$$0 = -\dot{m}_l \Delta s_l + \frac{\dot{Q}_l}{T_l} \quad (3.5)$$

- pour le fluide caloporteur:

$$0 = -\dot{m}_L \Delta s_L + \frac{\dot{Q}_L}{T_L^m} \quad (3.6)$$

La création d'entropie interne au niveau de l'échangeur froid représente la différence entre le flux d'entropie reçu par le puits froid et le flux d'entropie cédé par le fluide cyclé:

$$\dot{\Pi}_l^i = |\dot{S}_L| - |\dot{S}_l| = \frac{|\dot{Q}_L|}{T_L^m} - \frac{|\dot{Q}_l|}{T_l} = \dot{m}_L \Delta s_L + \dot{m}_l \Delta s_l \qquad (3.7)$$

Le bilan entropique global de l'échangeur froid permet le calcul de la production entropique due d'une part au pincement de température entre les deux fluides ($\dot{\Pi}_L^i$) et d'autre part à la perte de chaleur vers l'ambiance (isolation non-parfaite):

$$\dot{\Pi}_l = \dot{m}_L \Delta s_L + \dot{m}_l \Delta s_l + \frac{|(1-\eta_l)\dot{Q}_l|}{T_0} \qquad (3.8)$$

Bilan exergétique

L'équation du bilan exergétique d'un système quelconque s'écrit sous la forme:

$$\frac{dEx}{dt} = \sum \dot{Ex}_Q + \sum \dot{W} + p_0 \frac{dV}{dt} + \sum ex_{in}^f \dot{m}_{in} - \sum ex_{out}^f \dot{m}_{out} - T_0 \dot{\Pi} \qquad (3.9)$$

Sachant que l'exergie d'un fluide à une température supérieure à la température ambiante augmente si on lui apporte de la chaleur et diminue si on lui soutire de la chaleur, la variation d'exergie du fluide cyclé sera une quantité négative puisque le fluide de travail est refroidi dans l'échangeur froid. Elle s'écrit sous la forme suivante:

$$\Delta ex_l = \Delta h_l - T_0 \Delta s_l \qquad (3.10)$$

La variation d'exergie du fluide caloporteur est une quantité positive puisqu'il récupère la chaleur Q_L à une température supérieure à la température ambiante:

$$\Delta ex_L = \Delta h_L - T_0 \Delta s_L \qquad (3.11)$$

Le bilan exergétique global de l'échangeur froid nous permet de déduire l'irréversibilité globale dans l'échangeur froid (Gouy Stodola):

$$\dot{I}_l = T_0.\dot{\Pi}_l = \dot{m}_l T_0 \Delta s_l + \dot{m}_L T_0 \Delta s_L + \left|(1-\eta_l)\dot{Q}_l\right| \quad (3.12)$$

Cette irréversibilité s'obtient également par la différence entre le flux de l'exergie de la chaleur Q_l à la température T_l et le flux de l'exergie de la chaleur Q_L à la température moyenne logarithmique $T_L^m = \dfrac{T_L^{out} - T_L^{in}}{\ln \dfrac{T_L^{out}}{T_L^{in}}}$:

$$\dot{I}_l = \left|\dot{Ex}_{Q_l}^{T_l}\right| - \dot{Ex}_{Q_L}^{T_L^m} = \dot{Ex}_{lost}^l \quad (3.13)$$

Ce flux d'exergie perdue représente le flux d'exergie détruite ($T_0 \dot{\Pi}_l^i$) plus le flux d'exergie perdue due à la non-adiabaticité de l'échangeur.

3.2. Etude de l'échangeur chaud

Le diagramme fonctionnel de cet échangeur est présenté sur la *Figure 3.2*.

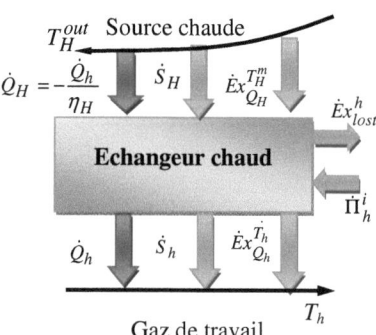

Figure 3.2: Diagramme fonctionnel de l'échangeur chaud

Bilan énergétique

- fluide cyclé:

$$0 = \dot{Q}_h + \dot{W}_h \tag{3.14}$$

- fluide caloporteur:

$$0 = \dot{Q}_H - \dot{m}_H c_p \left(T_H^{out} - T_H^{in} \right) \tag{3.15}$$

Bilan entropique

- fluide cyclé:

$$0 = -\dot{m}_h \Delta s_h + \frac{\dot{Q}_h}{T_h} \tag{3.16}$$

- fluide caloporteur:

$$0 = -\dot{m}_H \Delta s_H + \frac{\dot{Q}_H}{T_H^m} \tag{3.17}$$

Le flux d'entropie interne créée au niveau de l'échangeur chaud est la différence entre les deux flux d'entropie véhiculés entre les deux fluides:

$$\dot{\Pi}_h^i = \dot{S}_h - \left| \dot{S}_H \right| = \dot{m}_h \Delta s_h + \dot{m}_H \Delta s_H \tag{3.18}$$

Le bilan global permet d'écrire l'entropie générée totale au niveau de l'échangeur chaud, sous la forme suivante:

$$\dot{\Pi}_h = \dot{m}_h \Delta s_h + \dot{m}_H \Delta s_H + \frac{\left|\left(\frac{1}{\eta_H} - 1\right)\dot{Q}_h\right|}{T_0} \tag{3.19}$$

ou encore,

$$\dot{\Pi}_h = \dot{\Pi}_h^i + \frac{\left|\left(\frac{1}{\eta_h} - 1\right)\dot{Q}_h\right|}{T_0} \tag{3.20}$$

Bilan exergétique

La variation d'exergie du gaz de travail au niveau de l'échangeur chaud, $\Delta ex_h = \Delta h_h - T_0\Delta s_h$ sera une quantité positive, tandis que la variation d'exergie du fluide caloporteur de la source chaude sera une quantité négative $\Delta ex_H = \Delta h_H - T_0\Delta s_H$. Le bilan global exergétique nous permet de déduire l'irréversibilité totale dans l'échangeur chaud (Gouy Stodola):

$$\dot{I}_h = T_0\dot{\Pi}_h = \dot{m}_h T_0 \Delta s_h + \dot{m}_H T_0 \Delta s_H + \left|\left(\frac{1}{\eta_H} - 1\right)\dot{Q}_h\right| \tag{3.21}$$

qui s'écrit également comme la différence du flux d'exergie de la chaleur Q_H à la température T_H^m et du flux d'exergie de la chaleur Q_h à la température T_h:

$$\dot{I}_h = \left|\dot{Ex}_{Q_h^m/\eta_H}^{T_H^m}\right| - \left|\dot{Ex}_{Q_h}^{T_h}\right| \tag{3.22}$$

3.3. Exemple d'optimisation

Les hypothèses du modèle sont réunies graphiquement sur le *Figures 3.3 et 3.4.*

Il s'agit notamment:

•d'une variation de température des fluides caloporteurs aux deux réservoirs de chaleur durant le transfert thermique.

- des échangeurs imparfaits, d'efficacité ξ_h et ξ_l mais isolés adiabatiquement: $\eta_h = 1$ et $\eta_l = 1$

- des coefficients de transfert de chaleur des échangeurs dépendant de la vitesse finie du piston selon des corrélations de type $h = h_0 n^{cte}$.

- d'une régénération partielle de la chaleur dans le régénérateur, η_{reg}

- les énergies et les puissances seront exprimées dans ce qui suit en valeurs absolues

- le gaz cyclé est considéré comme gaz parfait

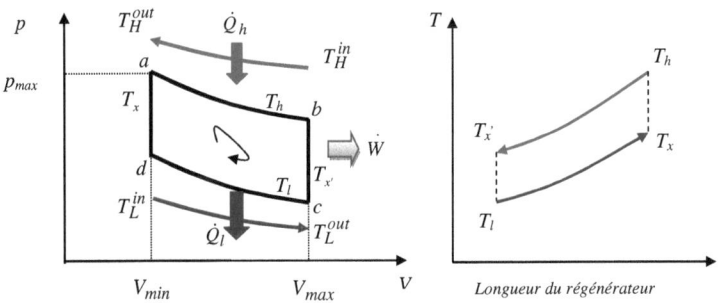

Fig.3.3: Cycle endo-et exoirreversible Stirling *Fig.3.4: Pincement de température*

Modélisation mathématique:

Analyse énergétique du moteur:

✓ **Régénérateur**

Nous considérons un cycle endoréversible, dont l'irréversibilité interne n'est due qu'à la régénération imparfaite. Le gaz froid (état d) ne sera chauffé dans le régénérateur que jusqu'à une température T_x inférieure à la température T_h. De même, au retour vers l'échangeur froid, le gaz chaud (état *b*) ne sera refroidi que jusqu'à une température $T_{x'}$ supérieure à la température T_l.

Le pincement de température dans le régénérateur, considéré ici comme constant, ΔT_{reg}, est:

$$\Delta T_{reg} = T_h - T_x = T_{x'} - T_l \tag{3.23}$$

L'efficacité de régénération peut s'écrire, alors:

$$\eta_{reg} = \frac{T_x - T_l}{T_h - T_l} = \frac{T_h - T_{x'}}{T_h - T_l} \tag{3.24}$$

ou bien $\eta_{reg} = \dfrac{\dfrac{h_{reg} A_{reg}}{\dot{m}_h c_v}}{\dfrac{h_{reg} A_{reg}}{\dot{m}_h c_v} + 1}$ (3.25)

en utilisant le bilan énergétique au niveau du régénérateur, sous la forme:

$$h_{reg} A_{reg} (T_{x'} - T_l) = \dot{m}_h c_v \eta_{reg} (T_h - T_l) = \dot{m}_h c_v (T_h - T_{x'}) \tag{3.26}$$

✓ **Echangeur chaud**

L'efficacité de l'échangeur chaud peut s'exprimer par le rapport:

$$\xi_h = \frac{T_H^{in} - T_H^{out}}{T_H^{in} - T_h} \tag{3.27}$$

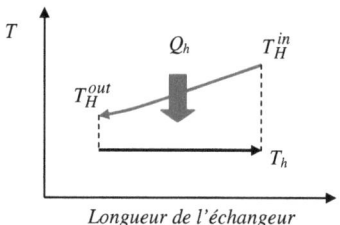

Figure 3.5: Pincement de température à l'échangeur chaud

Le flux de chaleur transféré par cet échangeur est:

$$\dot{Q}_h = h_h A_h \Delta T_{log}^H \qquad (3.28)$$

avec $\Delta T_{log}^H = \dfrac{\Delta T_a - \Delta T_b}{\ln \dfrac{\Delta T_a}{\Delta T_b}}$ la température moyenne logarithmique, où ΔT_a et ΔT_b sont les variations de la température aux extrémités de l'échangeur: $\Delta T_a = T_H^{in} - T_h$ et $\Delta T_b = T_H^{out} - T_h$

Il résulte, $\dot{Q}_h = h_h A_h \dfrac{T_H^{in} - T_H^{out}}{\ln \dfrac{T_H^{in} - T_h}{T_H^{out} - T_h}} = \xi_h \dot{m}_H c_p \left(T_H^{in} - T_h\right) = \dot{m}_H c_p \left(T_H^{in} - T_H^{out}\right)$ (3.29)

✓ **Echangeur froid**

L'expression de l'efficacité de cet échangeur est:

$$\xi_l = \dfrac{T_L^{out} - T_L^{in}}{T_l - T_L^{in}} \qquad (3.30)$$

Le flux de chaleur $\dot{Q}_l$ cédé par le fluide de travail à la source froide peut être exprimé par:

$$\dot{Q}_l = h_l A_l \Delta T_{log}^l = h_l A_l \dfrac{T_L^{out} - T_L^{in}}{\ln \dfrac{T_l - T_L^{in}}{T_l - T_L^{out}}} = \xi_l \dot{m}_L c_p \left(T_l - T_L^{in}\right) = \dot{m}_L c_p \left(T_L^{out} - T_L^{in}\right) \qquad (3.31)$$

Les sources de chaleur doivent assurer un flux de chaleur supplémentaire, due à la régénération imparfaite:

$$\dot{Q}_{reg}^S = \dot{m}_h c_v (T_h - T_l)(1 - \eta_{reg}) = \dfrac{\dot{m}_h c_v T_h \left(1 - \dfrac{T_l}{T_h}\right)}{\dfrac{h_{reg} A_{reg}}{\dot{m}_h c_v} + 1} \qquad (3.32)$$

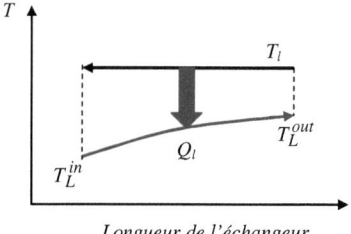

Figure 3.6: Pincement de température à l'échangeur froid

Alors, la puissance calorifique réelle à fournir par la source chaude sera:

$$\dot{Q}_h = \dot{Q}_{a-b} + \dot{Q}_{reg}^S = \dot{m}_h r T_h \ln(\varepsilon) + \dot{m}_h c_v (T_h - T_l)(1 - \eta_{reg}) \tag{3.33}$$

donc, $\dot{Q}_h = \dot{m}_h r T_h \ln(\varepsilon) + \dfrac{\dot{m}_h c_v T_h \left(1 - \dfrac{T_l}{T_h}\right)}{\dfrac{h_{reg} A_{reg}}{\dot{m}_h c_v} + 1}$ \hfill (3.34)

De la même manière la puissance dégagée à la source froide est:

$$\dot{Q}_l = \dot{Q}_{c-d} + \dot{Q}_{reg}^S = \dot{m}_l r T_l \ln(\varepsilon) + \dot{m}_l c_v (T_h - T_l)(1 - \eta_{reg}) \tag{3.35}$$

Le bilan énergétique du cycle permet le calcul de la puissance fournie par le moteur:

$$\dot{W} = \dot{Q}_h - \dot{Q}_l = \dot{m}_h r (T_h - T_l) \ln(\varepsilon) \tag{3.36}$$

avec $\dot{m}_l = \dot{m}_h = m_h n = \dfrac{p_{max} V_{max} \cdot n}{r T_h \varepsilon}$, où $m_h = \dfrac{p_{max} V_{max}}{r T_h \varepsilon}$ et $\varepsilon = \dfrac{V_{max}}{V_{min}}$.

D'où:

$$\dot{W} = \dfrac{p_{max} V_{max} \cdot n}{T_h \varepsilon}(T_h - T_l) \ln(\varepsilon) \tag{3.37}$$

Analyse entropique du moteur

Les différents flux d'entropie transférés de la source chaude vers la source froide ainsi que les créations d'entropie sont présentés sur le diagramme entropique *Figure 3.7*.

Le bilan entropique du cycle:

$$\dot{S}_l - \dot{S}_h = \dot{\Pi}_{\Delta T_{reg}} \qquad (3.38)$$

permet d'écrire le flux d'entropie interne créée due à l'irréversibilité dans le régénérateur par la différence des flux d'entropie échangés par l'air, cédé au niveau de la source froide et reçu au niveau de la source chaude.

Le flux d'entropie reçu par le fluide moteur au niveau de la source chaude est le flux d'entropie cédé par la source chaude augmenté de la création d'entropie due au pincement de température entre les deux fluides en contact à l'échangeur chaud:

$$\dot{S}_h = \dot{S}_H + \dot{\Pi}_{\Delta T_h} \qquad (3.39)$$

ou encore, en suivant le cycle, c'est la somme de deux flux d'entropie: un premier qui correspond à la transformation isothermique *a-b* et un deuxième qui correspond à la transformation isochorique *x-a*:

$$\dot{S}_h = \frac{\dot{Q}_{a-b}}{T_h} + \int_x^a \frac{\dot{m}_h c_v dT}{T} = \frac{\dot{Q}_{a-b}}{T_h} + \dot{m}_h c_v \ln\left(\frac{T_h}{T_x}\right) \qquad (3.39')$$

De la même manière, le flux d'entropie cédé par le fluide moteur au niveau du puits froid est:

$$\dot{S}_l = \dot{S}_L - \dot{\Pi}_{\Delta T_l} \qquad (3.40)$$

ou bien, la somme du flux d'entropie cédé lors de la transformation isothermique *c-d* et du flux d'entropie cédé lors transformation isochorique *x'-c*:

$$\dot{S}_l = \frac{\dot{Q}_{c-d}}{T_l} + \int_{r'}^{c} \frac{\dot{m}_l c_v dT}{T} = \frac{\dot{Q}_{c-d}}{T_l} + \dot{m}_l c_v \ln\left(\frac{T_{x'}}{T_l}\right) \qquad (3.41)$$

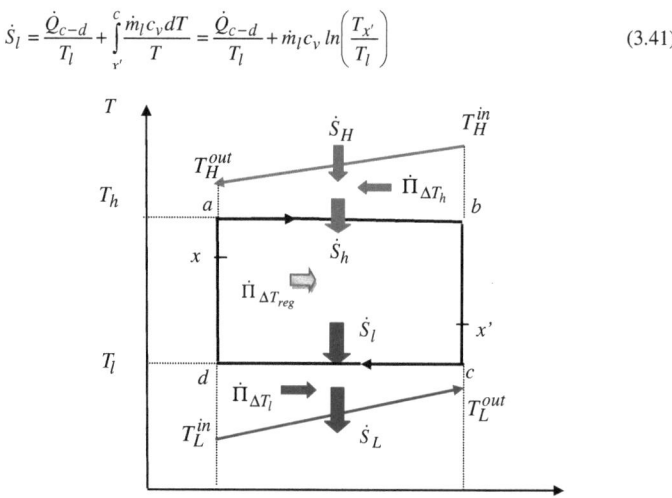

Figure 3.7: Diagramme entropique du cycle moteur de Stirling

La création d'entropie dans le régénérateur peut être exprimée à partir du bilan entropique du cycle:

$$\dot{\Pi}_{\Delta T_{reg}} = \dot{S}_l - \dot{S}_h = \dot{m}_h c_v \ln\left(\frac{T_x T_{x'}}{T_h T_l}\right) \qquad (3.42)$$

expression qui peut être obtenue également par le bilan entropique du régénérateur:

$$\dot{\Pi}_{\Delta T_{reg}} = \dot{S}_{d-x} - \dot{S}_{b-x'} = \int_{d}^{x} \dot{m}_h c_v \frac{dT}{T} - \int_{b}^{x'} \dot{m}_h c_v \frac{dT}{T} = \dot{m}_h c_v \ln\left(\frac{T_x T_{x'}}{T_l T_h}\right) \qquad (3.43)$$

Le bilan entropique global du moteur, qui tient compte à la fois des irréversibilités interne et externe, s'obtient par une combinaison linéaire des équations précédentes:

$$\dot{S}_L - \dot{S}_H = \dot{\Pi}_{\Delta T_l} + \dot{\Pi}_{\Delta T_{reg}} + \dot{\Pi}_{\Delta T_h} \qquad (3.44)$$

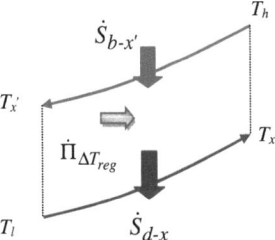

Figure 3.8: Flux d'entropie dans le régénérateur

Analyse exergétique du moteur

Sur le diagramme fonctionnel du moteur (*Figure 3.9*), on fait apparaître les flux exergétiques transférés de la source chaude vers la source froide, en passant par le régénérateur.

Le bilan exergétique global du moteur s'écrit:

$$\dot{Ex}_{Q_h}^{T_H^m} + \dot{Ex}_{Q_l}^{T_L^m} + \dot{W} - T_0 \dot{\Pi}_{\Delta T_{reg}} - T_0 \dot{\Pi}_{\Delta T_l} - T_0 \dot{\Pi}_{\Delta T_h} = 0 \qquad (3.45)$$

ou encore, $\quad \dot{Ex}_{Q_{a-b}}^{T_h} + \dot{Ex}_{Q_{c-d}}^{T_l} + \dot{Ex}_{Q_{xh}}^{T_{xh}^m} + \dot{Ex}_{Q_{x'l}}^{T_{x'l}^m} + \dot{W} - T_0 \dot{\Pi}_{\Delta T_{reg}} = 0 \qquad (3.36)$

avec $\quad \dot{Ex}_{Q_{xh}}^{T_{xh}^m} = \left(1 - \dfrac{T_0}{T_{xh}^m}\right)\dot{Q}_{xh}$; $\quad \dot{Ex}_{Q_{x'l}}^{T_{x'l}^m} = \left(1 - \dfrac{T_0}{T_{x'l}^m}\right)\dot{Q}_{x'l}$; $\quad \dot{Ex}_{Q_{a-b}}^{T_h} = \left(1 - \dfrac{T_0}{T_h}\right)\dot{Q}_{a-b}$;

$\dot{Ex}_{Q_{c-d}}^{T_l} = \left(1 - \dfrac{T_0}{T_l}\right)\dot{Q}_{c-d} \qquad$ et $\quad \dot{I}_{\Delta T_{reg}} = \left| \dot{Ex}_{Q_{reg}}^{T_{hx'}^m} \right| - \left| \dot{Ex}_{Q_{reg}}^{T_{lx}^m} \right|$

Ces équations permettent d'écrire le bilan exergetique du cycle sous la forme:

$$\dot{Ex}_{Q_{a-b}}^{T_h} + \dot{Ex}_{Q_{c-d}}^{T_l} + \dot{W} = 0 \qquad (3.37)$$

Sur le diagramme fonctionnel global du moteur on fait apparaître les flux d'exergie des chaleurs échangées par le fluide de travail avec les deux réservoirs de chaleur, à des températures différentes: T_h et T_H^m pour la source chaude, respectivement T_l et T_L^m pour le puits froid.

Les irréversibilités dues au transfert de chaleur dans les échangeurs froid et chaud et dans le régénérateur entraînent les destructions d'exergie:

$$\dot{i}_{\Delta T_h} = T_0 \dot{\Pi}_{\Delta Th}, \dot{i}_{\Delta T_l} = T_0 \dot{\Pi}_{\Delta T_l} \text{ et } \dot{I}_{\Delta T_{reg}} = T_0 \dot{\Pi}_{\Delta T_{reg}} \qquad (3.38)$$

Ainsi, le rendement exergétique s'écrit:

$$\eta_{ex} = \frac{\dot{W}}{\dot{Ex}_{Q_H}^{T_H^m}} = \frac{\dot{Ex}_{Q_{a-b}}^{T_h} - \dot{Ex}_{Q_{c-d}}^{T_l}}{\dot{Ex}_{Q_H}^{T_H^m}} \qquad (3.39)$$

$$\eta_{ex} = \frac{\left(1 - \frac{T_0}{T_h}\right)\dot{Q}_{a-b} - \left(1 - \frac{T_0}{T_l}\right)\dot{Q}_{c-d}}{\left(1 - \frac{T_0}{T_H^m}\right)\dot{Q}_h} \qquad (3.40)$$

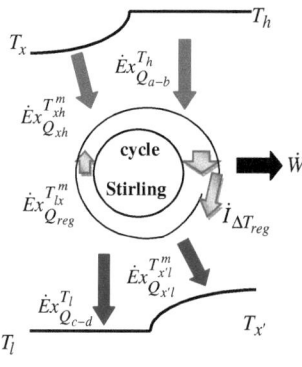

Figure 3.9: Diagramme fonctionnel du cycle moteur Stirling

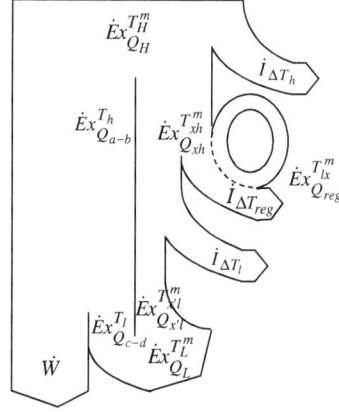

Figure 3.10: Diagramme fonctionnel global du moteur Stirling

Le diagramme fonctionnel global du moteur (*Figure 3.10*) permet de suivre le transfert et la dégradation d'exergie de la source chaude jusqu'à l'arbre moteur et localement, les diagrammes fonctionnels des échangeurs permettent de mettre en évidence les différents flux échangés (de chaleur, d'entropie et d'exergie). Le rôle du régénérateur est souligné ici par la mise en évidence d'un flux d'exergie recyclé qui augmente avec l'efficacité du régénérateur.

Optimisation du cycle

Le modèle développé permet d'optimiser le fonctionnement du moteur selon trois critères: maximum de puissance, minimum de création d'entropie, maximum de rendement exergétique.

- Maximum de puissance

Fonction objectif: $\dot{W} = \dfrac{p_{max} V_{max} . n}{T_h \varepsilon}(T_h - T_l) ln(\varepsilon)$ (3.41)

Paramètres: $p_{max}, V_{max}, T_H^{in}, T_L^{in}, \varepsilon, A_T, \xi_l, \xi_h, \eta_{reg}$

Variables: indépendantes: A_h, A_l, n ; dépendantes: T_h, T_l

On considère une contrainte d'égalité sur la surface d'échange de chaleur totale:
$A_l + A_h = A_T$

Après adimensionnement, les variables indépendantes adimensionnées sont:
$\overline{A_l} = \dfrac{A_l}{A_T}$ et $\overline{n} = \dfrac{n}{n_0}$ et les variables dépendantes adimensionnées sont: $\overline{T_l} = \dfrac{T_l}{T_L^{in}}$ et $\overline{T_h} = \dfrac{T_h}{T_H^{in}}$.

En utilisant les bilans énergétiques au niveau des échangeurs de chaleur, on peut exprimer les deux variables dépendantes en fonction des variables indépendantes:

$$\begin{cases} \overline{T}_l = \dfrac{-\dfrac{1-\eta_{reg}}{\gamma-1}\dfrac{\overline{T}_h}{\overline{T}_{LH}}+a_l\overline{T}_h}{ln(\varepsilon)-\dfrac{1-\eta_{reg}}{\gamma-1}+a_l\overline{T}_h} \\ \\ \overline{T}_h = \dfrac{\dfrac{1-\eta_{reg}}{\gamma-1}\overline{T}_{LH}\overline{T}_L - a_h\overline{T}_h}{ln(\varepsilon)+\dfrac{1-\eta_{reg}}{\gamma-1}-a_h\overline{T}_h} \end{cases} \qquad (3.42)$$

où on a noté:

$$\overline{T}_{LH} = \dfrac{T_L^{in}}{T_H^{in}}, a_h = \dfrac{h_{0h}n^{cte_h-1}(1-\overline{A}_l)\varepsilon T_H^{in}A_T}{p_{max}V_{max}}\dfrac{\xi_h}{ln(1-\xi_H)} \;,\; a_l = \dfrac{h_{0l}n^{cte_l-1}\overline{A}_l\varepsilon T_H^{in}A_T}{p_{max}V_{max}}\cdot\dfrac{\xi_l}{ln(1-\xi_l)}$$

On a considéré une évolution du coefficient d'échange de chaleur en fonction de la fréquence du moteur selon une loi du type $h = h_0.n^{cte}$.

Le système se réduit à une équation de $2^{\text{ème}}$ degré en $\overline{T}_h$, de la forme:

$$a\overline{T}_h^2 + b\overline{T}_h + c = 0 \qquad (3.43)$$

avec,

$$a = a_l a_h \;\;;\;\; b = a_h\left(ln(\varepsilon)-\dfrac{1-\eta_{reg}}{\gamma-1}\right) - a_l\left(ln(\varepsilon)+\dfrac{1-\eta_{reg}}{\gamma-1}\right) - a_l a_h$$

et $\quad c = a_l\dfrac{1-\eta_{reg}}{\gamma-1}\overline{T}_{LH} - ln^2(\varepsilon) - a_h\left(ln(\varepsilon)-\dfrac{1-\eta_{reg}}{\gamma-1}\right)$

La fonction objectif devient:

$$\dot{W} = \dfrac{p_{max}V_{max}.ln(\varepsilon).n}{\varepsilon}\left(1 - \dfrac{-\dfrac{1-\eta_{reg}}{\gamma-1}+a_l.\overline{T}_{LH}}{ln(\varepsilon)-\dfrac{1-\eta_{reg}}{\gamma-1}+a_l\overline{T}_h}\right) \qquad (3.44)$$

- Création d'entropie minimale

Fonction objectif: $\dot{\Pi} = \dot{\Pi}_{\Delta T_l} + \dot{\Pi}_{\Delta T_h} + \dot{\Pi}_{\Delta T_{reg}}$ (3.45)

dans les mêmes conditions, avec les mêmes paramètres et variables que précédemment et avec la même contrainte sur la surface totale.

- Rendement exergétique maximum

Fonction Objectif: $\eta_{ex} = \dfrac{\left(1-\dfrac{T_0}{T_h}\right)\dot{Q}_{a-b} - \left(1-\dfrac{T_0}{T_l}\right)\dot{Q}_{c-d}}{\left(1-\dfrac{T_0}{T_H^m}\right)\dot{Q}_h}$ (3.46)

toujours dans les mêmes conditions et avec les mêmes paramètres et variables que précédemment.

Résultats de l'optimisation du cycle

Les valeurs centrales de l'étude d'optimisation (réalisé sous MATLAB) sont présentées dans le *Tableau 3.1*.

\multicolumn{9}{c}{Tableau 3.1-Valeurs Centrales pour le modèle d'optimisation}
p_{max} [Pa]	V_{max} [m^3]	T_H^{in} [K]	T_L^{in} [K]	ε [-]	A_T [m^2]	ξ_l [-]	η_{reg} [-]	ξ_h [-]
10^7	0,001	600	300	3	0,2	0,8	0,8	0,8

Sur les figures suivantes on observe l'existence d'un optimum de fonctionnement. Dans les conditions de fonctionnement choisies pour cette optimisation, l'équipartition de la surface d'échange entre l'échangeur chaud et l'échangeur froid semble correspondre aux quatre critères d'optimisation (*Tableau 3.2*).

Tableau 3.2: Résultats d'optimisation

η_{ex}^{max}=0.65	$\dot{W}^{max}$=8.01 kW	η_{th}^{max}=0.31	$\dot{\Pi}^{min}$=11.2 W/K
$\dfrac{A_l}{A_T}$=0.550	$\dfrac{A_l}{A_T}$=0.510	$\dfrac{A_l}{A_T}$=0.510	$\dfrac{A_l}{A_T}$=0.458

La vitesse de rotation a une forte influence sur la puissance et la création d'entropie (*Figures 3.11 et 3.13*), qui augmentent avec celle-ci et une faible influence sur les rendements exergétique et énergétique (*Figure 3.12*) qui décroisent avec l'augmentation de la vitesse. La création d'entropie dans le régénérateur présente un maximum pour A_l/A_T =0,541, mais la création d'entropie totale, due au pincement de température dans les trois échangeurs (y compris le régénérateur) présente un minimum pour A_l/A_T=0,458.

Il faut bien noter ici que cette optimisation donne une tendance de variation mais pour la rendre plus réaliste il faudrait prendre en compte en plus des irréversibilités dues aux pincements de température, les irréversibilités internes, dues aux frottements mécaniques et aérodynamiques, aux fuites, etc.

L'influence de T_L^{in}, T_H^{in} et A_T, paramètres de ce problème d'optimisation a été étudiée pour le rendement exergétique comme fonction objectif. Les résultats sont présentés dans les *Tableaux 3.3-3.5*. Ils montrent que le rendement exergétique maximum

-augmente avec l'élévation de T_H^{in} ; le rapport des surfaces optimum correspondant augmente également de $\dfrac{A_l}{A_T}$ de 0,550 à 0,593

- décroit avec l'élévation de la température du puits froid T_L^{in} ; A_l/A_T décroit de 0,556 à 0,536

- croit avec l'augmentation de la surface totale (qui varie ici de 0,2 à 0,8 m²) et A_l/A_T augmente de 0,550 à 0,588

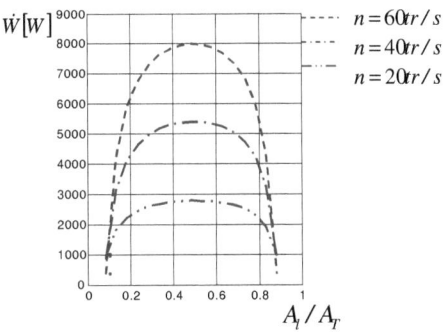

Figure 3.11: Evolution de la puissance mécanique du moteur

Cette approche permet de mettre en évidence l'influence de la surface et des capacités finies des échangeurs sur l'optimum de fonctionnement de la machine et la distribution optimale de la surface entre les échangeurs de chaleur. Dans ces conditions de fonctionnement, l'équipartition de la surface entre les échangeurs semble correspondre aux trois critères d'optimisation.

\multicolumn{3}{c}{Tableau 3.3- Etude de sensibilité par rapport à T_H^{in}}			Tableau 3.4- Etude de sensibilité par rapport à T_L^{in}			Tableau 3.5- Etude de sensibilité par rapport à A_T		
T_H^{in}	η_{ex}^{max}	A_l/A_T	T_L^{in}	η_{ex}^{max}	A_l/A_T	A_T	η_{ex}^{max}	A_l/A_T
600	0,6490	0,550	290	0,6783	0,556	0,2	0,6490	0,550
700	0,6894	0,566	300	0,6490	0,550	0,4	0,7390	0,574
800	0,7051	0,580	310	0,6194	0,545	0,6	0,7636	0,583
900	0,7118	0,593	330	0,5591	0,536	0,8	0,7751	0,588

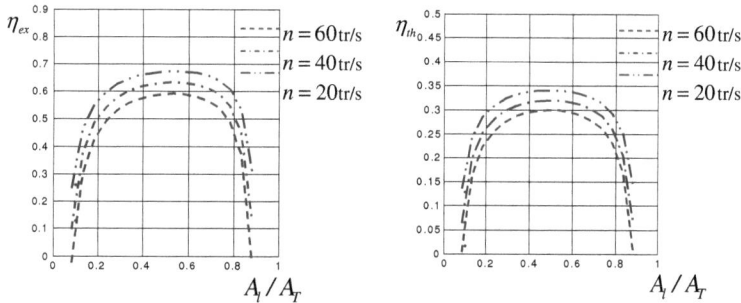

Figure 3.12: Evolution des rendements exergétique et énergétique du moteur

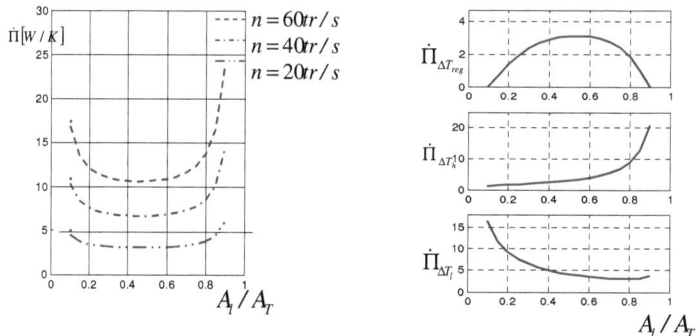

Figure 3.13 Variation de la création d'entropie en fonction du rapport des surfacese et de la vitesse

4. MODELISATION ZERO-DIMENSIONNELLE EN REGIME ETABLI

Dans les chapitres 2 et 3, le comportement de la machine Stirling a été étudié en régime permanent, en partant du cycle thermodynamique comportant deux isothermes et deux isochores et en ajoutant des irréversibilités au niveau des échangeurs et du régénérateur. Ce chapitre est consacré à la modélisation zéro-dimensionnelle en régime établi. La cinématique de la machine est prise en compte et par conséquent le cycle tracé se rapproche du cycle réel, obtenu sur banc d'essais. Nous avons retenu deux méthodes de la littérature de spécialité, la méthode dite isotherme [*Schmidt G., 1871*] et la méthode dite adiabatique [*Finkelstein T., 1995*] que nous avons développées, améliorées et complétées avec la méthode exergétique.

Les hypothèses de ces modèles sont:

- La pression instantanée est uniforme dans le moteur
- Le gaz de travail se comporte comme un gaz parfait
- La masse du gaz de travail est constante (fuites négligeables)
- Les pistons ont un mouvement sinusoïdal
- La température du gaz est uniforme dans les volumes chaud/froid
- La régénération est imparfaite

4.1. Modèle isotherme (modèle à trois volumes) [*Schmidt G., 1871*]

Une machine de Stirling peut être étudiée en la divisant en trois volumes: de compression, de régénération et de détente.

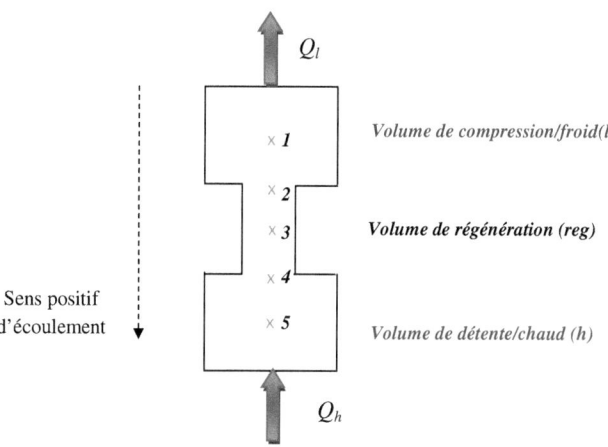

Figure 4.1: Moteur Stirling divisé en 3 volumes

Expressions des volumes instantanés

Pour les trois types de moteur Stirling, le volume de détente s'écrit sous la forme suivante:

$$V_e = \frac{V_{e0}}{2} \cdot [1 - cos(\varphi)] \tag{4.1}$$

où φ est l'angle vilebrequin et V_{e0} est le volume balayé de détente. Le volume de compression est une combinaison de volumes variables et peut être exprimé sous la forme:

$$V_c = a_j \cdot \frac{V_{e0}}{2} \cdot [1 + cos(\varphi)] + \frac{V_{c0}}{2} \cdot [1 - cos(\varphi - \varphi_0)] - b_j \cdot V_{0l} \tag{4.2}$$

Les valeurs des coefficients a_j et b_j dépendent du type de moteur et sont présentées dans le *Tableau 4.1* ; φ_0 représente le déphasage entre les deux pistons et V_{c0} est le volume balayé de compression. V_{0l} est le volume de chevauchement dans le cas du moteur beta, dû à l'intrusion du piston déplaceur dans le volume balayé par le piston moteur.

Tableau 4. 1: Valeurs des coefficients a_j et b_j pour les trois types de moteur

type de moteur	alpha	beta	gamma
a_j	0	1	1
b_j	0	1	0

Les volumes morts dus aux échangeurs de chaleur et à la géométrie des cylindres doivent être également pris en compte. Notons par V_{m_e}, V_{m_c}, $V_{m_{reg}}$ les trois volumes morts relativement à l'échangeur chaud et au volume de détente (V_{m_e}), à l'échangeur froid et au volume de compression (V_{m_c}) et au volume du régénérateur ($V_{m_{reg}}$); la somme des trois volumes représente le volume mort total V_m.

Le volume total instantané V_T sera, alors:

$$V_T = V_e + V_c + V_m = \frac{V_{e0}}{2} \cdot \{[1-cos(\varphi)] + a_j \cdot [1+cos(\varphi)]\} + \frac{V_{c0}}{2} \cdot [1-cos(\varphi-\varphi_0)] - b_j \cdot V_{0l} + V_m \quad (4.3)$$

et le volume total absolu sera: $V_T = V_{e0} + V_{c0} + V_m - b_j \cdot V_{ol}$ \hfill (4.4)

Deux cas se présentent:

- écoulement de (l) vers (h): $dm_l < 0$, $dm_h > 0$ alors $T_2 = T_l$ et $T_4 = T_x$ (sortie régénérateur imparfait)

- écoulement de (h) vers (l): $dm_l > 0$, $dm_h < 0$ alors $T_2 = T_{x'}$ (sortie régénérateur imparfait) et $T_4 = T_h$.

En plus $dm_2 = -dm_l$, $dm_4 = dm_h$ et $dm_{reg} = -dm_h - dm_l$

La pression instantanée, considérée comme uniforme dans le moteur et sa variation peuvent être exprimées en utilisant le bilan massique.

La masse totale m de gaz enfermée dans le moteur, qui est la somme des masses des trois cellules, reste constante pendant le fonctionnement du moteur. En admettant que le gaz est parfait et en absence de fuites, on peut écrire:

$$p = \frac{m}{\dfrac{V_l}{rT_l} + \dfrac{V_h}{rT_h} + \dfrac{V_{reg}}{rT_{reg}}} \tag{4.5}$$

$$dp = -\frac{p\left(\dfrac{dV_l}{T_l} + \dfrac{dV_h}{T_h}\right)}{\dfrac{V_l}{T_l} + \dfrac{V_h}{T_h} + \dfrac{V_{reg}}{T_{reg}}} \tag{4.6}$$

Les formes différentielles des bilans énérgétique, entropique et exergétique sont appliquées à chaque volume du moteur.

- Bilan énergétique:

$$c_v d(mT) = \delta Q + \delta W + c_p T_{in} dm_{in} - c_p T_{out} dm_{out} \tag{4.7}$$

- Bilan entropique:

$$dS = \frac{\delta Q}{T} + s_{in}.dm_{in} - s_{out}.dm_{out} + \delta \Pi \tag{4.8}$$

- Bilan exergétique:

$$dEx = \left(1 - \frac{T_0}{T}\right)\delta Q + \delta W + p_0.dV + ex_{in}^f.dm_{in} - ex_{out}^f.dm_{out} - T_0 \delta \Pi \tag{4.9}$$

Dans ces équations, l'entropie massique et l'exergie massique associées à l'écoulement de matière dm_{in} (respectivement dm_{out}) ont les expressions suivantes:

$$s_{in,out} = s_0 + c_p \ln \frac{T_{in,out}}{T_0} - r \ln \frac{p}{p_0} \tag{4.10}$$

et $ex_{in,out}^{f} = (h_{in,out} - h_0) - T_0(s_{in,out} - s_0)$ (4.11)

s_0, T_0, p_0 étant des paramètres de référence.

Volume de régénération

Le déplaceur-régénérateur transvase l'air de la cellule de compression vers la cellule de détente et inversement ; il sert également au stockage/déstockage de la chaleur échangée lors de ce transvasement.

On suppose que la régénération de la chaleur est imparfaite (*Figure 3.4*). La température du fluide à la sortie du régénérateur vers la cellule froide est $T_{x'}$ supérieure à T_l et la température de sortie du fluide vers la cellule chaude est T_x inférieure à T_h. Le rendement du régénérateur est exprimé par:

$$\eta_{reg} = \frac{T_h - T_{x'}}{T_h - T_l} = \frac{T_x - T_l}{T_h - T_l} = 1 - \frac{\Delta T_{reg}}{T_h - T_l}$$ (4.12)

où ΔT_{reg} représente le pincement de température dans le régénérateur qui est considéré ici identique aux deux orifices de communication, entre la cellule de compression (*l*) et celle de régénération (*reg*) et entre la cellule de détente (*h*) et celle de régénération (*reg*):

$$\Delta T_{reg} = T_{x'} - T_l = T_h - T_x$$ (4.13)

Dans cette cellule de stockage/déstockage de chaleur, le travail échangé est nul et sa température moyenne caractéristique est $T_{reg} = \dfrac{T_h - T_l}{\ln \dfrac{T_h}{T_l}}$.

Au passage du gaz dans la cellule de régénération, le bilan énergétique s'écrit sous la forme:

$$\delta Q_{reg} = \frac{c_v}{r} V_r dp + c_p T_4 dm_4 - c_p T_2 dm_2 \qquad (4.14)$$

Le bilan entropique de la cellule de régénération s'écrit:

$$dS_{reg} = \frac{\delta Q_{reg}}{T} + s_2 dm_2 - s_4 . dm_4 + \delta \Pi_{reg} \qquad (4.15)$$

où s_2 et s_4 sont les entropies spécifiques du fluide associées à l'écoulement de masse à l'entrée et à la sortie de l'espace:

$$s_2 = s_0 + c_p \ln\frac{T_2}{T_0} - r \ln\frac{p}{p_0} \qquad (4.16)$$

$$s_4 = s_0 + c_p \ln\frac{T_4}{T_0} - r \ln\frac{p}{p_0}$$

Le volume du régénérateur est constant lors du fonctionnement, $dV_{reg} = 0$ et $\delta W_{reg} = 0$, donc le bilan exergétique devient:

$$dEx_{reg} = \left(1 - \frac{T_0}{T_{reg}}\right)\delta Q_{reg} + ex_2^f . dm_2 - ex_4^f . dm_4 - T_0 \delta \Pi_{reg} \qquad (4.17)$$

Avec $ex_2^f = (h_2 - h_0) - T_0 (s_2 - s_0)$ et $ex_4^f = (h_4 - h_0) - T_0 (s_4 - s_0)$.

Volume de compression

Pour la cellule de compression, où l'orifice de communication est unique, on peut écrire:

$$c_v d(mT)_l = \delta Q_l + \delta W_l - c_p T_2 dm_2 \qquad (4.18)$$

d'où $\delta Q_l = \frac{c_v}{r} V_l dp + \frac{c_p}{r} p dV_l + c_p T_2 dm_2$

le travail élémentaire étant $\delta W_l = -p \, dV_l$ \qquad (4.19)

On détermine la masse d'air et sa différentielle au niveau du volume de compression en utilisant l'équation d'état du gaz parfait et sa forme différentielle:

$$m_l = \frac{p V_l}{r T_l} \tag{4.20}$$

et $\frac{dp}{p}+\frac{dV_l}{V_l}=\frac{dm_l}{m_l}+\frac{dT_l}{T_l}$. Sous l'hypothèse de l'isothermicité de ce volume, on obtient:

$$dm_l = \frac{V_l dp + p dV_l}{r T_l} \tag{4.21}$$

Le bilan entropique s'écrit sous la forme suivante:

$$dS_l = \frac{\delta Q_l}{T_l} - s_2 dm_2 \tag{4.22}$$

Le transfert d'entropie suit le transfert de chaleur. La création d'entropie « externe » $\delta \Pi_l$ due au pincement de température entre le réservoir froid et le gaz de travail (T_L et T_l) est la différence entre l'entropie reçue par le puits froid et l'entropie cédée par le gaz de travail au volume de compression. Elle augmente avec l'écart de température entre le gaz et la paroi du volume de compression.

$$\delta \Pi_l = |\delta Q_l| \left(\frac{1}{T_L} - \frac{1}{T_l} \right) \tag{4.23}$$

Le bilan exergétique du fluide dans l'espace de compression peut s'exprimer par:

$$dEx_l = \left(1 - \frac{T_0}{T_l}\right) \delta Q_l + \delta W_l + p_0 dV_l - ex_2^f . dm_2 \tag{4.24}$$

avec $ex_2^f = (h_2 - h_0) - T_0 (s_2 - s_0) = c_p (T_2 - T_0) - T_0 (s_2 - s_0)$.

Volume de détente

Le bilan énergétique de cet espace s'écrit sous la forme:

$$c_v d(mT)_h = \delta Q_h + \delta W_h + c_p T_4 dm_4 \qquad (4.25)$$

d'où $\delta Q_h = \dfrac{c_v}{r} V_h dp + \dfrac{c_p}{r} p dV_h - c_p T_4 dm_4$

le travail élémentaire étant $\delta W_h = -p\, dV_h$

De la même manière que pour le volume précédent, on obtient la masse d'air et sa différentielle:

$$m_h = \frac{pV_h}{rT_h} \qquad (4.26)$$

$$dm_h = \frac{V_h dp + p dV_h}{rT_h} \qquad (4.27)$$

Pour le volume de détente, le bilan entropique s'écrit:

$$dS_h = \frac{\delta Q_h}{T_h} + s_4 dm_4 \qquad (4.28)$$

La différence entre l'entropie cédée par la source chaude et l'entropie prélevée par le gaz représente la création d'entropie « externe » due au pincement de température.

$$\delta \Pi_h = \delta Q_h \left(\frac{1}{T_h} - \frac{1}{T_H} \right) \qquad (4.29)$$

D'une façon analogue à l'espace de compression, on écrit le bilan exergétique dans l'espace de détente et on obtient:

$$dEx_h = \left(1 - \frac{T_0}{T_h}\right)\delta Q_h + \delta W_h + p_0 dV_h + ex_4^f . dm_4 \qquad (4.30)$$

avec $ex_4^f = (h_4 - h_0) - T_0(s_4 - s_0) = c_p(T_4 - T_0) - T_0(s_4 - s_0)$.

Bilans globaux du moteur

- **énergétique**

Pendant un tour de vilebrequin les quantités de chaleur échangées au niveau des volumes de détente et de compression sont: $Q_h = \oint \delta Q_h$ et $Q_l = \oint \delta Q_l$ obtenues après l'intégration des équations (4.18) et (4.25).

Un déficit au régénérateur dû à l'inégalité des masses transférées aux interfaces des volumes et l'accumulation de masse de gaz dans le régénérateur est observé.

$$Q_{reg}^d = \oint \delta Q_{reg} = \oint c_p T_4 dm_4 - \oint c_p T_2 dm_2 \qquad (4.31)$$

Ce déficit est à apporter par la source chaude. On remarque en même temps que cette quantité est nulle pour une régénération parfaite $\eta_{reg} = 100\%$.

Le bilan global du moteur s'écrit $W + Q_l + Q_h + Q_{reg}^d = 0$, d'où $W = -(Q_l + Q_h + Q_{reg}^d)$. Ce travail représente le travail effectué par le piston moteur au cours des deux opérations de compression et de détente. Il peut être calculé aussi par l'expression: $W = \oint(\delta W_l + \delta W_h)$, ou encore $W = -\oint p dV$

Le rendement thermique du moteur peut alors être exprimé par le rapport:

$$\eta_{th} = \frac{W}{Q_h + Q_{reg}^d} \qquad (4.32)$$

et le degré de qualité par:

$$\eta_{II} = \frac{\eta_{th}}{\eta_{Carnot}} \qquad (4.33)$$

- *entropique*

Le bilan entropique global du moteur s'écrit:

$$dS_l + dS_h + dS_{reg} = \frac{\delta Q_l}{T_l} + \frac{\delta Q_h}{T_h} + \frac{\delta Q_{reg}}{T_{reg}} + \delta \Pi_{reg} = 0 \qquad (4.34)$$

la création d'entropie dans le régénérateur $\delta\pi_{reg}$ représente, donc:

$$\delta \Pi_{reg} = -\left(\frac{\delta Q_l}{T_l} + \frac{\delta Q_h}{T_h} + \frac{\delta Q_{reg}}{T_{reg}} \right)$$
(4.35)

- *exergétique*

Le rendement exergétique du moteur est défini d'une manière générale par le rapport de l'effet utile exergétique par la dépense exergétique. Il dépendra de l'application choisie et des niveaux de température associés.

4.2. Modèle adiabatique (modèle à cinq volumes) *[Finkelstein T., 1995]*

Le moteur de type Alpha peut être considéré comme constitué de 5 volumes de travail:

- volume de détente (*e*),

- volume chaud de l'échangeur chaud (*h*),

- volume de stockage/destockage (récupérateur) (*reg*),

- volume froid de l'échangeur froid (*l*),

- volume de compression (*c*).

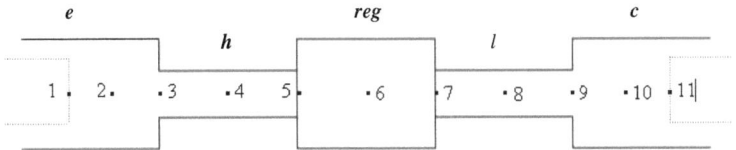

Figure 4.2: Schéma du moteur Stirling divisé en 5 volumes

Les volumes de détente et de compression sont variables, dépendant de la position des pistons respectivement de détente et de compression, alors que les volumes des échangeurs sont constants.

Le sens d'écoulement sera considéré positif avec l'accroissement du numéro d'ordre.

On exprime les volumes des échangeurs, chaud V_h, froid V_l et de régénération V_{reg} par le produit de leur longueur par leur section transversale:

$$V_h = L_h * A^t_h, \quad V_{reg} = L_{reg} * A^t_{reg} \quad \text{et} \quad V_l = L_l * A^t_l \tag{4.36}$$

Les volumes instantanés V_e et V_c sont déterminés à partir des données géométriques des cylindres et de la cinématique utilisée.

$$V_e = \frac{Z_{amp\_e}}{2}(1 - \cos(\omega t + \varphi_i))A^t_e \tag{4.37}$$

$$V_c = \frac{Z_{amp\_c}}{2}(1 - \cos(\omega t + \varphi_i - \varphi_0))A^t_c \tag{4.38}$$

avec ω la vitesse de rotation angulaire [rad/s], φ_0 le déphasage entre les deux pistons et φ_i l'angle vilebrequin initial.

Les différentes températures T_h, T_{reg} et T_l sont considérées constantes au sein des échangeurs supposés comme des volumes isothermes.

Dans le volume de stockage/déstockage (récupérateur/régénérateur) la température est la moyenne logarithmique des températures des volumes chaud, T_h, et froid, T_l.

$$T_6 = \frac{T_4 - T_8}{ln\frac{T_4}{T_8}} \qquad (4.39)$$

Pour évaluer la masse du fluide dans chaque volume, on applique l'équation des gaz parfaits. La masse totale de gaz de travail m, représente la somme des 5 masses ci-dessous.

$$\begin{cases} m_c = \frac{pV_c}{rT_{10}} \\ \\ m_l = \frac{pV_l}{rT_8} \\ \\ m_{reg} = \frac{pV_{reg}}{rT_6} \\ \\ m_h = \frac{pV_h}{rT_4} \\ \\ m_e = \frac{pV_e}{rT_2} \end{cases} \qquad (4.40)$$

On considère le fluide de travail comme un gaz parfait, et on suppose une température caractéristique à chacun des cinq espaces élémentaires. Dès lors, la pression instantanée, supposée uniforme dans le moteur, s'obtient par la relation:

$$p = \frac{mr}{\frac{V_e}{T_e} + \frac{V_h}{T_h} + \frac{V_{reg}}{T_{reg}} + \frac{V_l}{T_l} + \frac{V_c}{T_c}} \qquad (4.41)$$

En appliquant la relation de la conservation de l'énergie dans l'espace de compression, adiabatique, on peut établir la variation de la masse dans cet espace.

$$dm_c = \frac{pdV_c + V_c \frac{dp}{\gamma}}{rT_9} \qquad (4.42)$$

T_9 étant la température à l'interface refroidisseur / espace de compression.

Pour calculer cette température, il faut tenir compte du sens de l'écoulement du gaz:

si $dm_c < 0$, $T_9 = T_{10}$ sinon $T_9 = T_8$. De la même manière on exprime dm_e dans l'espace de détente:
$$dm_e = \frac{pdV_e + V_e \frac{dp}{\gamma}}{rT_3} \qquad (4.43)$$

avec l'hypothèse suivante pour la température à l'interface échangeur chaud/récupérateur:

si $dm_3 > 0$, $T_3 = T_2$ sinon $T_3 = T_4$.

Afin de déterminer la variation de la masse dans les volumes constants des échangeurs, nous allons utiliser l'équation différentielle de la loi des gaz parfaits.

$$\begin{cases} dm_l = m_l \dfrac{dp}{p} = \dfrac{V_l}{T_l} \cdot \dfrac{dp}{r} \\[2ex] dm_{reg} = m_{reg} \dfrac{dp}{p} = \dfrac{V_{reg}}{T_{reg}} \cdot \dfrac{dp}{r} \\[2ex] dm_h = m_h \dfrac{dp}{p} = \dfrac{V_h}{T_h} \cdot \dfrac{dp}{r} \end{cases}$$

La somme des variations élémentaires de la masse des 5 volumes sera nulle sous l'hypothèse d'une étanchéité parfaite (masse de gaz constante dans le moteur):

$$\sum dm_j = \frac{dp}{r}\left[\frac{V_e}{\gamma T_3}+\frac{V_h}{T_h}+\frac{V_{reg}}{T_{reg}}+\frac{V_l}{T_l}+\frac{V_c}{\gamma T_9}\right] + \frac{p}{r}\left[\frac{dV_e}{T_3}+\frac{dV_c}{T_9}\right] = 0 \qquad (4.44)$$

d'où on déduit l'expression de la différentielle de pression:

$$dp = \frac{-\gamma p\left(\dfrac{dV_c}{T_9}+\dfrac{dV_e}{T_3}\right)}{\dfrac{V_c}{T_9}+\gamma\left(\dfrac{V_l}{T_8}+\dfrac{V_{reg}}{T_6}+\dfrac{V_h}{T_4}\right)+\dfrac{V_e}{T_3}} \qquad (4.45)$$

En combinant les équations (4.42) et (4.43) avec la loi des gaz parfaits sous forme différentielle, on obtient:

$$\frac{dT_{10}}{T_{10}} = \left(1-\frac{T_{10}}{\gamma T_9}\right)\frac{dp}{p} + \left(1-\frac{T_{10}}{T_9}\right)\frac{dV_c}{V_c}$$

$$\frac{dT_2}{T_2} = \left(1-\frac{T_2}{\gamma T_3}\right)\frac{dp}{p} + \left(1-\frac{T_2}{T_3}\right)\frac{dV_e}{V_e} \qquad (4.46)$$

Le signe des masses élémentaires transférées aux interfaces des volumes dépend du sens de l'écoulement dans le moteur (positif si dans le sens de l'ordre des volumes). Aux interfaces, elles sont calculées avec les équations suivantes:

$$\begin{cases} dm_c = dm_9 \\ dm_l = dm_7 - dm_9 \Leftrightarrow dm_7 = dm_l + dm_c \\ dm_{reg} = dm_5 - dm_7 \Leftrightarrow dm_5 = dm_l + dm_c + dm_{reg} \\ dm_h = dm_3 - dm_5 \Leftrightarrow dm_3 = dm_l + dm_c + dm_{reg} + dm_h \\ dm_e = -dm_3 \end{cases} \qquad (4.47)$$

Les quantités de chaleur échangées au niveau des 3 échangeurs, chaud, froid et de récupération, sont déterminées à partir de l'équation de conservation de l'énergie appliquée à chacun de ces 3 volumes.

$$\begin{cases} \delta Q_l = \dfrac{c_v}{r} V_l \, dp - c_p (T_7 \, dm_7 - T_9 \, dm_9) \\ \\ \delta Q_{reg} = \dfrac{c_v}{r} V_{reg} \, dp - c_p (T_5 dm_5 - T_7 \, dm_7) \\ \\ \delta Q_h = \dfrac{c_v}{r} V_h \, dp - c_p (T_3 \, dm_3 - T_5 \, dm_5) \end{cases} \qquad (4.48)$$

A partir de la pression instantanée et des variations des volumes de compression et de détente, on peut calculer les travaux élémentaires dans l'espace de compression δW_c et de détente δW_e.

$$\begin{cases} \delta W_c = -p dV_c \\ \delta W_e = -p dV_e \end{cases} \qquad (4.49)$$

La somme de ces deux expressions représente le travail élémentaire fourni pour un cycle moteur.

$$\delta W = \delta W_c + \delta W_e \qquad (4.50)$$

Après intégration, on obtient le travail pour un cycle.

En résumé, on peut souligner le fait que les modèles zéro-dimensionnels en régime établi tiennent compte de la géométrie et de la cinématique des pistons, en plus des irréversibilités de la machine. La non-uniformité spatio-temporelle du fluide est prise en considération par la division du moteur en trois ou cinq espaces auxquels on associe des températures caractéristiques. Le temps de calcul de ces méthodes est relativement court. Leur intérêt intervient au moment où les moteurs Stirling sont intégrés dans un système global plus complexe. Le temps de calcul d'un code de simulation est souhaité le plus réduit possible dans le but de minimiser le temps de calcul du code de contrôle commande du système. Une optimisation de fonctionnement du système peut être réalisée, par exemple, en mettant en interaction plusieurs modules Simulink (chaque module Simulink simulant le fonctionnement d'un composant du système).

Nous avons complétées ces méthodes par une analyse exergétique pour plusieurs machines Stirling, de type Alpha, Beta et Gamma, quelques illustrations étant présentées dans la deuxième partie de cet ouvrage.

2ème partie

Applications aux systèmes énergétiques « durables »

5. MOTEUR STIRLING LDT GAMMA

Ces dernières années le moteur Stirling a connu un développement considérable. Beaucoup de nouvelles applications ont été développées, l'une de ces applications étant le moteur Stirling à faible différence des températures LTD (Low Temperature Difference). Ce nouveau type de moteur est capable de fonctionner avec des très faibles différences de température entre les deux sources de chaleur du moteur. Un tel moteur peut fonctionner placé sur une tasse de café chaud ou posé juste sur la main. Nous avons étudié deux moteurs LTD gamma de tailles différentes: 138 mm et 77mm de diamètre du déplaceur.

5.1 Moteur LDT Gamma, diamètre = 138mm

Présentation du moteur

Le moteur gamma que nous avons étudié comporte un piston déplaceur en polystyrène et un piston moteur en graphite. Les parois chaude et froide du moteur sont réalisées en aluminium. La source chaude du moteur est une plaque de circuit imprimé sur laquelle a été gravée une longue bande conductrice faisant office de résistance chauffante. Cette résistance est reliée à un générateur permettant de faire varier la puissance (*Figure 5.1*).

Pour étudier l'effet de la course du piston déplaceur et du déphasage entre les deux pistons sur les performances du moteur (travail, rendement, etc.), nous avons modifié le vilebrequin afin de disposer de 3 courses différentes et plusieurs angles de déphasage. Un système d'acquisition de données relié au banc d'essais moteur permet de relever les valeurs nécessaires aux tracés du cycle thermodynamique, au calcul du travail et de la puissance mécanique fournie par le moteur. Les capteurs utilisés sont: un capteur de pression disposé dans le volume froid, un capteur de position du piston placé au dessus du volant d'inertie, un couplemètre élémentaire de Prony et des thermocouples de type K sur les plaques chaude et froide.

Un schéma de ce moteur est présenté ci-dessous (*Figure 5.2*), afin de mettre en évidence l'état initial des pistons moteur et déplaceur et leurs axes de référence.

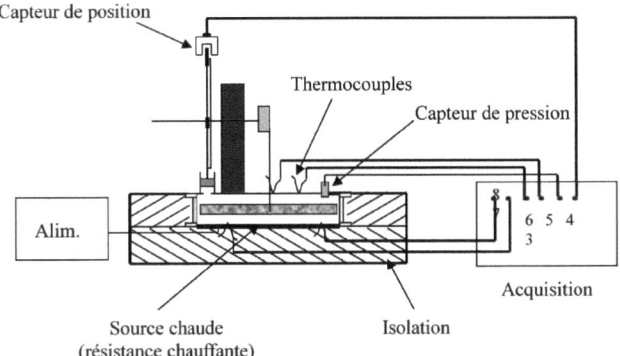

Figure 5.1: Moteur Stirling de type Gamma instrumenté

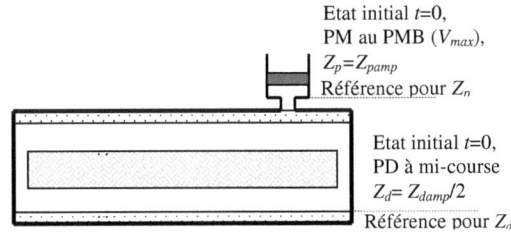

Figure 5.2: Schéma du moteur Stirling de type gamma

A partir des dimensions géométriques du moteur présentées dans le *Tableau 5.1*, on détermine:

- les positions instantanées du piston déplaceur (PD) et du piston moteur (PM)

$$\begin{cases} Z_d = \dfrac{Z_{damp}}{2}\left(1+cos(\omega t - \varphi_0)\right) \\ Z_p = \dfrac{Z_{pamp}}{2}\left(1+cos(\omega t)\right) \end{cases} \qquad (5.1)$$

- les volumes de gaz chaud et froid instantanés

$$\begin{cases} V_l = V_{ml} + (Z_{damp} - Z_d)A_d^t + Z_p A_p^t \\ V_h = V_{mh} + Z_d A_d^t \end{cases} \qquad (5.2)$$

- le volume de gaz total

$$V_T = V_h + V_l + V_{reg} \qquad (5.3)$$

Tableau 5.1: Dimensions géométriques du moteur

Diamètre du piston déplaceur	138 mm
Hauteur du piston déplaceur	12,72 mm
Hauteur du cylindre déplaceur	25,60 mm
Diamètre du cylindre déplaceur	144 mm
Courses du piston déplaceur	6 ; 8 ou 10 mm
Diamètre du piston moteur	17,92 mm
Hauteur du piston moteur	16,03 mm
Course du piston moteur	10 mm
Volume mort chaud	0.00001496 m^3
Volume mort froid	0.00001496 m^3
Volume mort régénérateur	0.00001728 m^3

Le calcul de la dérivée de la position instantanée du piston moteur

$$dZ_p = \frac{-Z_{pamp}}{2} \omega \sin(\omega.t)dt \qquad (5.4)$$

permet d'exprimer le travail instantané sous la forme suivante:

$$\delta W = -dZ_p \, p A_p^t \qquad (5.5)$$

Ainsi le travail d'un cycle est déterminé en sommant les valeurs de travail élémentaire par pas de temps (1ms pour le système d'acquisition utilisé) $W = \oint \delta W$. La puissance mécanique fournie par le moteur sera:

$$\dot{W} = W \frac{n}{60} = W.\frac{\omega}{2\pi} \qquad (5.6)$$

et le rendement, en admettant que toute la puissance électrique est fournie sous forme de chaleur au moteur, est:

$$\eta = \frac{\dot{W}}{U.I} \qquad (5.7)$$

Résultats expérimentaux

Les cycles de fonctionnement du moteur pour plusieurs angles de déphasage sont présentés sur la *Figure 5.3*. Le volume total n'étant modifié que par la position du piston moteur, nous pouvons ainsi remarquer que les volumes minimum et maximum sont identiques pour les quatre angles de déphasage. Le travail (la surface du cycle) est plus élevé lorsque le déphasage est plus faible. Par contre, les déphasages élevés permettent d'obtenir des différences de pressions plus élevées et des vitesses de rotation plus élevées.

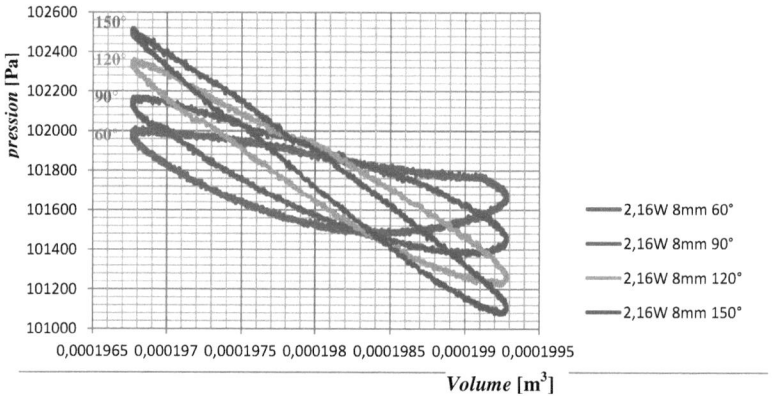

Figure 5.3: Diagramme indicateur p,V pour plusieurs angles de déphasage;

UI=2.16W; Course déplaceur =8mm- moteur isolé sans charge

La figure précédente a été tracée pour une course du piston déplaceur de 8mm, course qui permet d'obtenir un travail indiqué maximum, comme indiqué sur la *Figure 5.4*. Les puissances les plus élevées s'obtiennent avec la course de 10 mm mais à des valeurs très proches de celles obtenues pour 8mm (*Figure 5.5*), le déphasage optimal étant compris entre 90 et 120° (ce qui correspond également à une vitesse de rotation maximale).

Le rendement du cycle suit l'évolution de la puissance indiquée. A noter que, quelque soit la course ou le déphasage, le rendement reste dans des valeurs très faibles du fait de la charge réduite et du faible écart de température.

Ces résultats ont été validés par une série de mesure sur le moteur non-isolé, pour des faibles puissances d'alimentation. Par contre on remarque un fonctionnement différent du moteur à des puissances de source chaude plus importantes. La *Figure 5.6* montre notamment un point de croisement entre les courbes caractéristiques correspondant à 120° et 150° à environ 2,3 W, ce qui correspond à une vitesse de rotation d'environ 50tr/min. La vitesse de rotation du moteur et implicitement la puissance indiquée augmentent avec le déphasage et ne passeront plus par un maximum de fonctionnement.

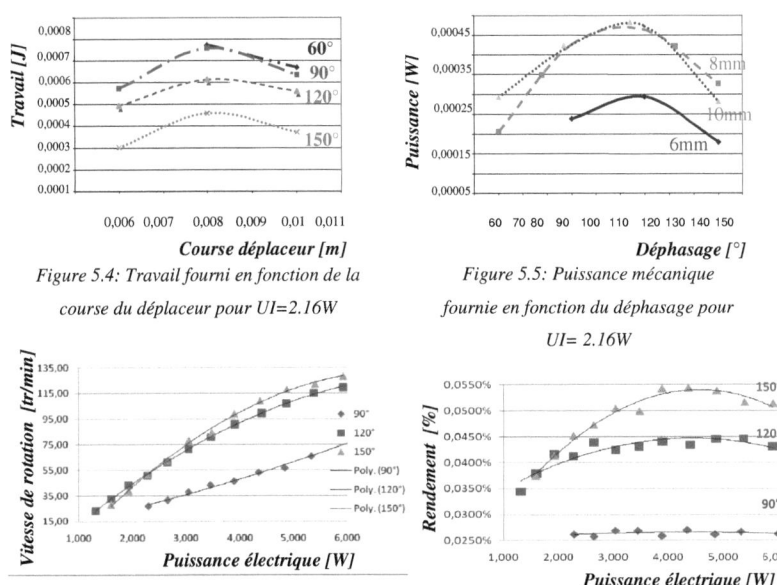

Figure 5.4: Travail fourni en fonction de la course du déplaceur pour UI=2.16W

Figure 5.5: Puissance mécanique fournie en fonction du déphasage pour UI= 2.16W

Figure 5.6: Variation de la vitesse de rotation en fonction de la puissance électrique, pour une course de 10mm du piston déplaceur

Figure 5.7: Variation du rendement en fonction de la puissance électrique, pour une course de 10mm du piston déplaceur

L'étude de l'évolution du rendement en fonction de la puissance de chauffage, dans le même intervalle de variation, permet de mettre en évidence un maximum de fonctionnement à environ 4,8 W (*Figure 5.7*).

Une estimation par expérience de la conductance pour le calcul de la puissance perdue par conduction entre les sources, permet d'obtenir des résultats qui vont dans le même sens que ceux présentés dans la *Figure 5.6*. La conductance est mesurée par chauffage du moteur à l'arrêt: $UI = K \cdot \Delta T_{arrêt}$, où $\Delta T_{arrêt}$ est l'écart de température entre la source chaude et la source froide à l'arrêt. La puissance perdue par conduction sera: $\dot{Q}_{pertes} = K \cdot \Delta T$, avec ΔT l'écart de température entre les sources, pendant le fonctionnement du moteur. Elle diminue avec l'augmentation du déphasage, ce qui permet finalement d'accroitre la puissance indiquée, consacrée dans ce cas (moteur sans charge) à vaincre les frottements internes. En effet, si l'angle de déphasage augmente, la vitesse de rotation augmente, les volumes d'air dans le moteur se déplacent implicitement plus vite et ΔT diminue, d'où une part plus faible de la puissance perdue par conduction.

La *Figure 5.8* met en évidence des minimas pour le travail indiqué (égal ici au travail de frottement) en fonction de la vitesse de rotation (et implicitement de la puissance electrique). On note à nouveau la valeur de la vitesse de rotation d'environ 50 tr/min à partir de laquelle la tendance d'évolution du travail mécanique est inversée. Il est intéressant de remarquer que ce régime correspond aussi au point de croisement observé sur la *Figure 5.6*.

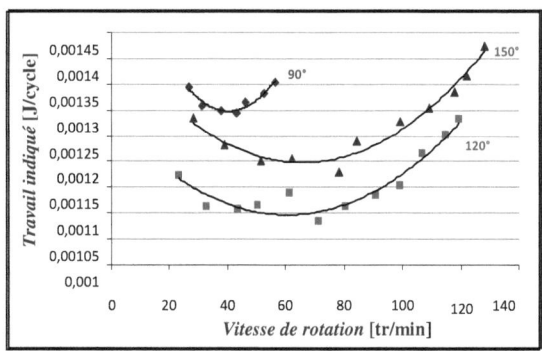

Figure 5.8: Variation du travail indiqué en fonction de la vitesse de rotation,

pour une course du déplaceur de 10mm

Le calcul du travail effectif et du travail perdu par frottements mécaniques a été effectué pour plusieurs couples-moteur obtenus en utilisant un couplemètre sur l'axe de l'arbre. Les résultats obtenus pour une puissance électrique de 4.8 W, une course du déplaceur de 10 mm et 3 déphasages, sont résumés dans le *Tableau 5.2*. Ces résultats permettent de mettre en évidence une dépendance croissante du travail de frottement à la vitesse de rotation, pour les trois déphasages considérés. Un couple important appliqué sur l'arbre moteur fait diminuer la vitesse de rotation et implicitement le travail de frottement (peu importe le déphasage). On retrouve également l'influence de la vitesse sur le travail indiqué, le travail effectif et le rendement indiqué du moteur qui vont augmenter avec la diminution de la vitesse.

Tableau 5.2: Résultats obtenus pour le moteur avec charge

déphasage	n [tr/min]	$W_{indiqué}$ [J/cycle]	$W_{effectif}$ [J/cycle]	W_{frot} [J/cycle]	$\eta_{indiqué}$ [%]
60°	87,85	0,0018	0,0013	0,00047	0,055
	137,93	0,0011	0,00056	0,00056	0,054
90°	86.58	0,0018	0,00124	0.00056	0,053
	119.05	0,0012	0,00036	0,00083	0,049
120°	57,47	0,0020	0,00153	0,00049	0,040
	84,63	0,0013	0,00011	0,00117	0,038

Confrontation des résultats expérimentaux avec des modèles numériques

Les résultats obtenus à partir des simulations, 0-D, 1-D, 2-D et des résultats expérimentaux (configuration correspondant à 90° de déphasage et une course de 10 mm, avec une température de paroi chaude de 301 K, une température de plaque froide de 290°C, ce qui correspond à une vitesse de 24 tr/min) sont résumés dans le *Tableau 5.3 [Martaj N., 2000]*.

Tableau 5.3: Comparaison des résultats. Travail indiqué en [J/cycle]

Expérience	$1.02.10^{-3}$
Numérique 0-D	$1.00.10^{-3}$
Numérique 1-D	$1.06.10^{-3}$
Numérique 2-D	$8.02.10^{-4}$

Une comparaison des cycles obtenus par les modèles et l'expérience est présentée sur la *Figure 5.9*. Le modèle 0-D correspond au modèle de Schmidt modifié. Le cycle obtenu présente des amplitudes de pression supérieures aux autres d'environ 200 Pa car il ne prend pas en compte les irréversibilités autres qu'externes, en particulier les pertes de charges sont négligées et les volumes sont supposés isothermes.

Le modèle 1-D, réalisé avec le logiciel Amesim, fournit des informations plus précises et plus fines sur le moteur. Le moteur est divisé en 4 volumes différents: deux volumes pour l'espace froid, un pour l'espace chaud et un autre pour le régénérateur. Le transfert de chaleur au niveau des sources chaude et froide est supposé du type uniquement convectif. Les températures de gaz ne sont plus supposées constantes comme pour le modèle 0-D. Afin d'accélérer les calculs et obtenir une convergence optimale, nous avons imposé le couple moteur indiqué à sa valeur (C = 0.00016 N.m) obtenue par l'expérience. La loi de transfert de chaleur par convection est ajustée en ce point pour retrouver la vitesse de rotation expérimentale, ce qui permet de déduire le coefficient d'échange par convection correspondant à ce point de fonctionnement h= 10.75W/m^2.K. Le modèle 1-D présente la meilleure concordance entre résultats simulation/expérience.

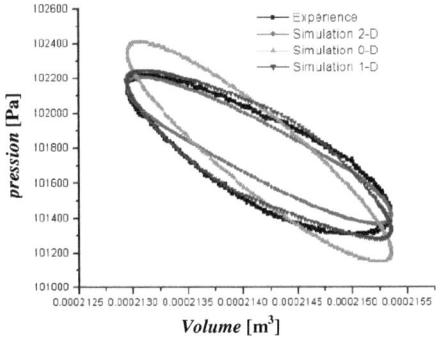

Figure 5.9: Diagramme (p, V) obtenu expérimentalement et numériquement

[Martaj N., 2000]

Une simulation 2-D des transferts d'énergie, des quantités de mouvement et de masse, des écoulements compressibles dans le moteur Stirling LTD sans régénération a été réalisée à l'aide d'un logiciel adapté à la simulation multi-physiques à maillage mobile (COMSOL). Le cycle réel et celui obtenu en simulation 2-D, bien que présentant les mêmes amplitudes de pression, montrent un écart de «surface» d'environ 20% qui peut être expliqué par la différence de géométrie de la machine réelle avec le modèle supposé axisymétrique et l'hypothèse de régénération nulle qui n'est probablement pas respectée.

Cette différence est imputable également aux erreurs des mesures expérimentales et à la difficulté de maintenir une température constante sur les faces du prototype (vue l'irrégularité des transferts de chaleur au cours du temps).

Estimation du coefficient d'échange convectif

Pour les écoulements alternatifs, les valeurs du coefficient d'échange qui dépend essentiellement de la géométrie et de la vitesse de déplacement du gaz de travail et donc de la vitesse du moteur, sont difficilement estimées. Nous avons utilisé les résultats d'expérimentations et le modèle 1-D, plus proche de la réalité, pour obtenir une estimation de ce coefficient en fonction d'un paramètre dynamique mesurable, la vitesse de rotation du moteur. D'après les références bibliographiques [*Heywood. J.B., 1988*], nous avons choisi un modèle mathématique du type $h=a\ n^b$. Nous pouvons observer sur la *Figure 5.10*, deux tendances différentes correspondant à deux régimes de fonctionnement: un régime pour les faibles vitesses, un autre dès que l'on dépasse 50 tr/min. On retrouve donc cette même valeur de régime que sur la *Figure 5.6*, qui provoque un changement de comportement du moteur.

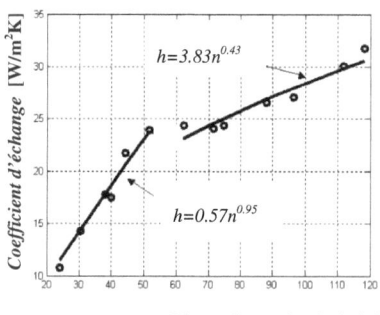

Figure 5.10: Evolution du coefficient d'échange par convection h en fonction de la vitesse de rotation du moteur n

Les différentes séries d'essais sur ce moteur nous permettent de définir les paramètres géométriques et physiques optimums de fonctionnement. Bien qu'on obtienne des différences dans les résultats de performance du moteur, il ressort que la course du piston déplaceur de 8mm associée à un déphasage de 90° à 120° permet d'obtenir les meilleures performances du moteur. Il semble que ce calage soit favorable à une réduction des frottements internes. Dans la plage des vitesses de rotation étudiées, un régime moteur qui correspond à un changement de comportement par rapport au transfert de chaleur, au travail fourni ou encore par rapport au déphasage, a été mis en évidence.

5.2 Moteur LDT Gamma, diamètre = 77mm

Présentation du moteur

Une analyse thermodynamique d'un deuxième moteur Stirling de type γ à faible écart de température, d'un diamètre plus petit que le précédent a été effectuée, dans le but cette fois ci de mettre en évidence l'importance du niveau de température des réservoirs par rapport à l'ambiance dans l'analyse exergétique.

Pour un régime périodique établi, des bilans énergétique, entropique et exergétique sont présentés au niveau de chaque élément du moteur: espace de compression, espace de détente et régénérateur. Un modèle numérique zéro-dimensionnel décrivant l'évolution des variables (pression, volumes, masses, énergies et exergies échangées, irréversibilités…) en fonction de l'angle vilebrequin (couplage cinématique-thermodynamique) est également présenté. Les irréversibilités calculées sont dues à la régénération imparfaite et aux pincements de température dans les échangeurs chaud et froid.

La configuration du moteur à air chaud de type Gamma étudié dans la suite est présentée sur la *Figure 5.11*. Son application est différente par rapport au moteur gamma présenté dans le paragraphe précédent. Les sources sont inversées et ce moteur va tourner dans le sens inverse que le précédent. Sur la plaque ou on apportait de la chaleur précédemment, on va poser un réservoir froid, de température inférieure à la température ambiante. Par conséquent, ce moteur va fonctionner avec une faible différence de température entre ce réservoir froid et le milieu ambiant.

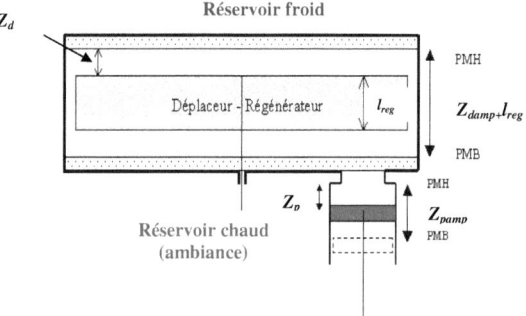

Figure 5.11: Moteur Stirling à faible différence de température

Les dimensions géométriques du moteur et les paramètres physiques du point de fonctionnement considéré sont présentées dans le *Tableau 5.4*.

Tableau 5.4: Caractéristiques géométriques du moteur	
Course du piston moteur. Z_{pamp} [m]	0,007
Diamètre du piston moteur. D_p [m]	0,0095
Volume balayé par le piston moteur. V_p [m^3]	$4,9618.10^{-7}$
Course du piston diplaceur. Z_{damp} [m]	0,007
Diamètre du piston déplaceur. D_d [m]	0,077
Volume balayé par le piston déplaceur. V_d [m^3]	$3,2596.10^{-5}$
Proportion du volume mort froid. V_{mf}/V_d [-]	0,1
Proportion du volume mort chaud. V_{mh}/V_d [-]	0,1
Proportion du volume du régénérateur V_{reg}/V_d [-]	0,2
Déphasage entre les pistons. φ_0 [°]	90

Les espaces de compression et de détente sont définis par les positions (Z_p et Z_d) des pistons moteur et déplaceur par rapport aux points morts hauts correspondants. Les volumes de détente et de compression peuvent être exprimés en fonction de ces positions instantanées des pistons en utilisant la géométrie du moteur:

$$V_h = V_{mh} + (Z_{damp} - Z_d)A_d^t + Z_p A_p^t \qquad (5.8)$$

$$V_l = V_{ml} + Z_d A_d^t \qquad (5.9)$$

Pour un état de référence considéré (piston moteur au PMB), la position instantanée du piston moteur dans le petit cylindre s'écrit en fonction de l'angle vilebrequin sous la forme:

$$Z_p = \frac{Z_{pamp}}{2}(1 + \cos \omega t) \qquad (5.10)$$

La position du déplaceur, qui sépare l'espace de compression de l'espace de détente dans le grand cylindre, est donnée par:

$$Z_d = \frac{Z_{damp}}{2}(1 + \cos(\omega t - \varphi_0)) \qquad (5.11)$$

Le volume du régénérateur est annulaire pour ce moteur, en périphérie du piston déplaceur:

$$V_{reg} = \pi(R_{cyl}^2 - R_d^2)l_{reg} \qquad (5.12)$$

Il reste constant au cours du fonctionnement du moteur contrairement aux volumes chaud et froid qui évoluent avec les positions des pistons.

Pour cette application particulière, la dépense exergétique externe se fait au niveau du puits froid ($T_f<T_a$) et la température du milieu ambiant (qui représente la source chaude) sera la température de référence $T_h=T_0=T_a$.

Le diagramme fonctionnel associé au volume de compression est présenté ci-dessous.

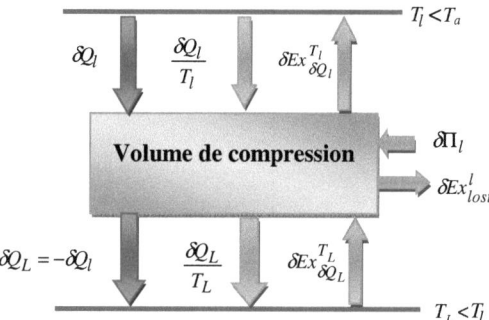

Figure 5.12: Diagramme fonctionnel du volume de compression

Sur le diagramme fonctionnel de la cellule de compression on fait apparaître les exergies échangées entre le gaz de travail et le réservoir froid.

Le sens de transfert d'exergie est opposé au sens de transfert de chaleur étant donné que les niveaux des températures sont inférieurs à la température ambiante de référence T_0. L'exergie du gaz de travail augmente puisqu'il est refroidi, à température inférieure à la température ambiante $T_l < T_a$.

Le bilan exergétique permet de déduire l'exergie perdue due au pincement de température entre le gaz et le puits froid.

$$\left| \delta Ex_{\delta Q_L}^{T_L} \right| = \delta Ex_{lost}^{l} + \delta Ex_{\delta Q_l}^{T_l} \tag{5.13}$$

Où $\delta Ex_{\delta Q_L}^{T_L} = \left(1 - \dfrac{T_0}{T_L}\right)\delta Q_L = -\left(1 - \dfrac{T_0}{T_L}\right)\delta Q_l$ <0 représente l'exergie de la chaleur δQ_L à la température T_L et,

$\delta Ex_{\delta Q_l}^{T_l} = \left(1 - \dfrac{T_0}{T_l}\right)\delta Q_l > 0$ est l'exergie de la chaleur δQ_l à la température T_l.

Donc,

$$\delta Ex_{lost}^{l} = T_0\left(\dfrac{1}{T_L} - \dfrac{1}{T_l}\right)|\delta Q_l| = T_0\,\delta\Pi_l \qquad (5.14)$$

Le diagramme fonctionnel associé au volume de détente est présenté ci-dessous.

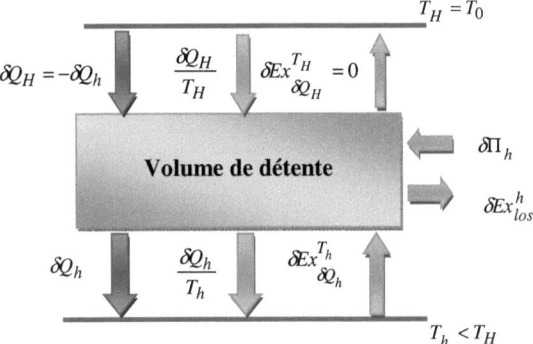

Figure 5.13: Diagramme fonctionnel du volume de détente

Comme la température T_h est inférieure à la température ambiante, le gaz va recevoir de la chaleur de l'ambiance et son exergie va diminuer. Le flux d'exergie ne suit donc pas le flux de chaleur. L'exergie perdue due au pincement de température entre le gaz de travail et la source chaude s'écrit:

$$\delta Ex_{lost}^{h} = \left|\delta Ex_{\delta Q_h}^{T_h}\right| \qquad (5.15)$$

puisque l'exergie de la chaleur δQ_H à la température $T_H = T_0$ est nulle.

Comme l'exergie de la chaleur δQ_h à la température T_h s'écrit sous la forme $\left|\delta Ex^{T_h}_{\delta Q_h}\right| = \left|\left(1 - \dfrac{T_0}{T_h}\right)\delta Q_h\right|$, on obtient:

$$\delta Ex^h_{lost} = T_0 \left(\dfrac{1}{T_h} - \dfrac{1}{T_H}\right)\delta Q_h = T_0\, \delta \Pi_h \qquad (5.16)$$

Le rendement exergétique du moteur est défini d'une manière générale par le rapport de l'effet utile exergétique par la dépense exergétique. Pour cette application particulière la dépense exergétique se situe au niveau du réservoir froid, $T_H = T_0$ et $T_L < T_0$:

$$\eta_{ex} = \dfrac{|W|}{\left|Ex^{T_L}_{Q_L}\right|} = \dfrac{W}{\left(1 - \dfrac{T_0}{T_L}\right)Q_L} \qquad (5.17)$$

Le maximum de ce rendement exergétique s'écrit par le rapport:

$$\eta_{ex\,max} = \dfrac{W_{max}}{Ex^{T_L}_{Q_L}} \qquad (5.18)$$

avec, $W_{max} = \eta_{Carnot}\left(Q_h + Q^d_{reg}\right)$ et $\eta_{Carnot} = 1 - \dfrac{T_l}{T_h}$

Résultats et analyses

Le modèle présenté précédemment est utilisé pour décrire le fonctionnement du moteur pendant un tour de vilebrequin. Les données initiales sont présentées dans le tableau suivant:

Nous avons considéré l'état de référence (0) suivant:

$T_0 = 296{,}3$ K ; $p_0 = 10^5$ Pa ; $s_0 = 6{,}858$ J kg^{-1}K^{-1}

Tableau 5.5: Caractéristiques thermodynamiques du moteur

Température du gaz dans le volume froid. T_l [K]	290
Température du gaz dans le volume chaud. T_h [K]	292
Coefficient de transfert thermique chaud. h_h [W/m² K]	10
Coefficient de transfert thermique froid. h_l [W/m² K]	10
Rendement de régénération. η_{reg} [%]	50
Vitesse de rotation du moteur. n [tr/min]	180

Le déplacement des deux pistons, moteur et déplaceur, peut être suivi sur la *Figure 5.14*. La *Figure 5.15* montre les variations des volumes chaud et froid en fonction de l'angle de vilebrequin. Elle rend bien compte de la conservation du volume $V_T = V_l + V_h$. Les *Figures 5.16 et 5.17* montrent les variations de pression dans le cylindre en fonction de l'angle de vilebrequin et du volume total du moteur (Diagramme p-V).

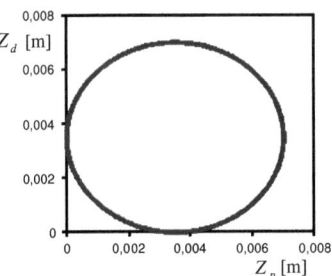 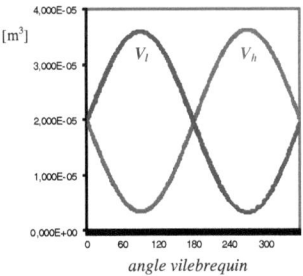

Figure 5.14: Evolution des positions des pistons moteur Z_p et déplaceur Z_d

Figure 5.15: Variation des volumes des espaces de compression et de détente en fonction de l'angle de vilebrequin.

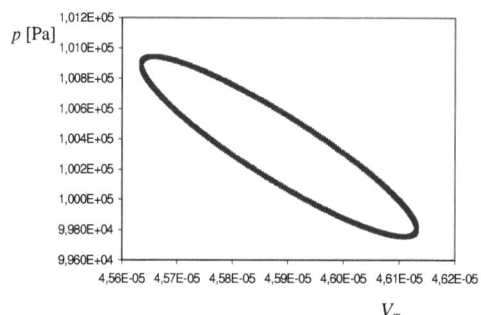

Figure 5.16: Diagramme p-V du moteur

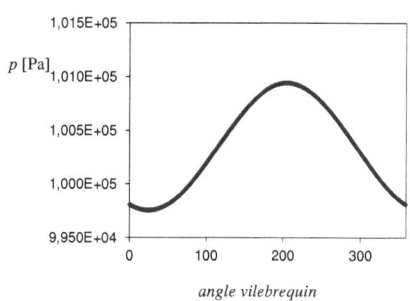

Figure 5.17: Evolution de la pression en fonction de l'angle vilebrequin

Le tableau suivant fournit les résultats de la simulation.

Tableau 5.6: Résultats de la simulation pour un cycle			
W_{cycle} [J]	$-1,909.10^{-4}$	Π_{reg} [J K^{-1}]	$9,292.10^{-7}$
Q_l [J]	$-6,705.10^{-2}$	Π_l [J K^{-1}]	$3,495.10^{-6}$
Q_h [J]	$6,720.10^{-2}$	Π_h [J K^{-1}]	$3,363.10^{-6}$
Q_{reg}^d [J]	$3,768.10^{-5}$	Ex_{lost}^{reg} [J]	$2,753.10^{-4}$
η_{th} [%]	0,28	Ex_{lost}^l [J]	$1,035.10^{-3}$
η_{Carnot} [%]	0,7	Ex_{lost}^h [J]	$9,967.10^{-4}$
T_H [K]	296,3	η_{ex} [%]	7,63
T_L [K]	285,6	η_{exmax} [%]	18,7

Une étude de sensibilité par rapport aux trois paramètres suivants a été réalisée:

> La proportion du volume du régénérateur V_{reg}/V_d

- La température du gaz de travail dans le volume froid T_l
- Le rendement du régénérateur η_{reg}.

Les paramètres centraux de cette étude de sensibilité sont:

$V_{reg}/V_d = 0,2$; $T_l = 290K$ et $\eta_{reg} = 50\%$.

Tableau 5.7: Etude de sensibilité des rendements par rapport au volume mort du régénérateur

V_{reg}/V_d [–]	η_{th} [%]	η_{ex} [%]
0,1	0,30	7,77
0,2	0,28	7,64
0,3	0,27	7,50

Le volume du régénérateur est un volume mort pour le moteur. Son influence sur les rendements thermique et exergétique présenté dans le *Tableau 5.7* souligne l'intérêt de réduire ce volume mort lors du dimensionnement d'un moteur de ce type. La grande difficulté technique consiste à dimensionner un régénérateur caractérisé par un rapport important surface d'échange/volume d'air, de manière à assurer un rendement de régénération élevé et implicitement des rendements thermique et exergétique élevés.

Tableau 5.8: Etude de sensibilité de T_l sur les rendements

T_l [K]	$T_h - T_l$	η_{th} [%]	η_{Carnot} [%]	η_{ex} [%]	η_{II} [%]
291	1	0,20	0,34	8,16	58,62
290	2	0,28	0,68	7,64	41,41
289	3	0,33	1,03	6,59	32,07
288	4	0,36	1,37	5,67	26,14

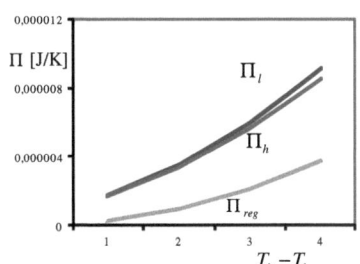

Figure 5.18: Variation de la création d'entropie en fonction de $T_h - T_l$

Lorsque l'on diminue la température du volume froid, l'écart de température interne T_h-T_l augmente; il est évident que pour un écart plus important le moteur présente un rendement thermique plus élevé. Par contre, étant donné que l'air sera plus froid au niveau du puits froid, la dépense exergétique qui représente l'exergie de la chaleur Q_L à la température T_L, augmente également, ce qui fait diminuer le rendement exergétique.

Sur la *Figure 5.18* on trace les créations d'entropie en fonction de la différence des températures chaude et froide de l'air. On s'aperçoit que si la différence de température augmente les créations d'entropie dans les trois volumes du moteur augmentent, ce qui fait baisser le degré de qualité du moteur η_{II}.

Les créations d'entropie dans les trois volumes du moteur diminuent avec l'augmentation du rendement du régénérateur. Un rendement de régénération important suppose une réduction de la chaleur supplémentaire Q_{reg}^S à être assurée par les réservoirs et implicitement des pincements de température plus faible, d'où des créations d'entropie plus réduites.

Tableau 5.9: Etude de sensibilité des créations d'entropie par rapport au rendement du régénérateur

η_{reg} [%]	Π_l [J/K]	Π_h [J/K]	Π_{reg} [J/K]
0	$8,883 \cdot 10^{-6}$	$8,381 \cdot 10^{-6}$	$1,858 \cdot 10^{-6}$
25	$5,874 \cdot 10^{-6}$	$5,60 \cdot 10^{-6}$	$1,393 \cdot 10^{-6}$
50	$3,495 \cdot 10^{-6}$	$3,36 \cdot 10^{-6}$	$9,291 \cdot 10^{-7}$
75	$1,736 \cdot 10^{-6}$	$1,690 \cdot 10^{-6}$	$4,645 \cdot 10^{-7}$
100	$5,907 \cdot 10^{-7}$	$5,84 \cdot 10^{-7}$	0

Comparaison avec des résultats expérimentaux

Des essais sur le même moteur ont été réalisés par *H. Roussel*. Pour deux points expérimentaux, il a publié les résultats suivants:

ΔT^i	ΔT_{parois}	n [tr/min]	W [J]
3	21	199	$2,89.10^{-4}$
2,6	5,5	20	$2,46.10^{-4}$

Les résultats obtenus par notre modèle se situent dans le même ordre de grandeur, en particulier, en prenant $\eta_{reg}=0$ et $\Delta T^i=3°C$, le travail calculé est de $2,91.10^{-4}$J et celui mesuré par *H.Roussel* est de $2,89.10^{-4}$, valeurs très voisines, ce qui valide notre modèle thermodynamique.

6. MACHINE STIRLING BETA

La machine Stirling de type Beta étudiée est une machine thermique monocylindre réversible dans la mesure ou elle peut fonctionner en tant que moteur, machine à froid ou bien pompe à chaleur [*Dobre C., 2012*]. Le gaz de travail (air) suit un écoulement oscillatoire entre deux réservoirs de chaleur, en passant par un régénérateur qui joue le rôle simultanément de déplaceur. Le piston moteur assure l'étanchéité du cylindre et sa position instantanée permet de déterminer le volume instantané occupé par l'air dans le cylindre. Le piston déplaceur est entrainé par le piston moteur avec un déphasage de 110°. Son rôle est de transvaser l'air de l'espace chaud vers l'espace froid et inversement, en le faisant passer à travers une matrice poreuse en cuivre. Il joue donc aussi le rôle de régénérateur.

6.1 Fonctionnement moteur

Le schéma de la machine en fonctionnement moteur est présenté ci-dessous. L'apport de chaleur se fait par effet Joule dans la partie supérieure du cylindre. La partie inférieure du cylindre est refroidie par un circuit d'eau de refroidissement. Les dimensions géométriques de la machine sont présentées dans le *Tableau 6.1*.

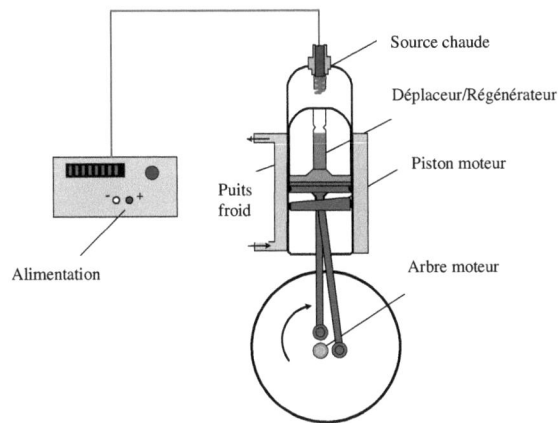

Figure 6.1: Schéma du moteur Stirling de type Beta

Tableau 6.1: Dimensions géométriques du dispositif expérimental

$A_h\,[\,m^2\,]$	$A_l\,[\,m^2\,]$	$V_{min}\,[\,m^3\,]$	$V_{max}\,[\,m^3\,]$	$R_p\,[\,m\,]$	$R_d\,[\,m\,]$	$C_p\,[\,m\,]$	$\varphi_0\,[\,°\,]$
0.01885	0.03769	0.0001906	0.0003278	0.03	0.03	0.05	110

Etude expérimentale

Le moteur est équipé d'un capteur de pression dans la tige du piston moteur qui indique la pression instantanée dans le cylindre, considérée uniforme dans les trois volumes du moteur (chaud, froid et régénérateur) et d'un capteur de position du piston moteur permettant de remonter au volume instantanée occupé par le gaz de travail. Ces deux paramètres permettent le calcul du travail indiqué par cycle, $W = -\oint p\,dV$. La puissance indiquée est calculée en multipliant le travail indiqué par la fréquence du moteur déterminée expérimentalement.

$\dot{Q}_h$ [W]	n [tr/s]	W [J]
69.6	2.85	0.94
74.7	3.04	1.08
79.98	3.31	1.16
85.44	3.47	1.22
91.08	3.59	1.24
97.85	3.86	1.36

Tableau 6.2: Variation de la vitesse de rotation et du travail indiqué en fonction de la puissance source chaude

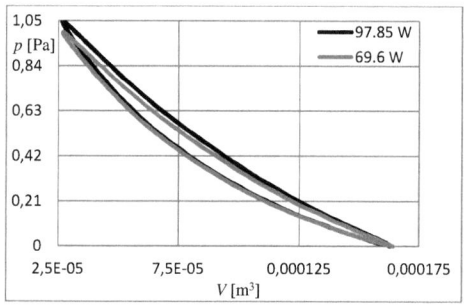

Figure 6.2: Diagramme indicateur pour deux puissances de source chaude

La puissance de la source chaude est facilement déterminée par la mesure de l'intensité et de la tension d'alimentation: $\dot{Q}_h = UI$. La puissance calorifique cédée par le gaz de travail est déterminée par la prise du débit du fluide de refroidissement et de ses températures entrée/sortie dans l'échangeur froid $\dot{Q}_l = \dot{m}_{eau} c_p \Delta T_{eau}$.

La puissance mécanique perdue par frottement piston/paroi peut être mesurée expérimentalement par une série d'essais lors desquels on fait entraîner l'arbre moteur par un moteur électrique et on retire la culasse comportant la résistance chauffante. De cette manière le travail de frottement converti en chaleur est prélevé entièrement par l'eau de refroidissement: $W_f = \dfrac{\dot{Q}_{lf}}{n}$. On obtient $W_f = 0.99754 n - 0.6055$ relation du type $W_f = a + bn$ que l'on trouve souvent dans la littérature de spécialité, avec $a = -0.6055$ si $b = 0.99754$ dans notre cas. Sur la *Figure 6.3* on indique la relation $\dot{W}_f = a.n^b$ obtenue à partir de 6 points expérimentaux.

En fonctionnement moteur, le bilan énergétique en termes de puissances, écrit sous la forme: $\dot{Q}_h = \dot{Q}_l + \dot{W} + \dot{Q}_{pertes}$, permet le calcul d'une puissance globale perdue par le système, principalement par convection au niveau de la source chaude $\dot{Q}_{pertes} = \dot{Q}_h - \dot{Q}_l - \dot{W} = h A_h \Delta T_h$.

Cette puissance sert à estimer la température du gaz de travail au volume chaud $T_h = T_{wh} + \frac{\dot{Q}_{pertes}}{hA_h}$ la température de paroi étant mesurée et le coefficient global d'échange de chaleur étant déterminé expérimentalement en configuration machine à froid $h = 4.0079 n^{1.98}$ (*Figure 6.8*). La résistance chauffante étant disposée à l'intérieur du cylindre, la température du gaz de travail sera supérieure à celle relevée sur la paroi du cylindre. De la même manière $T_l = T_{wl} + \frac{\dot{Q}_l}{hA_l}$, avec $T_{wl} = \frac{T_{eau}^{in} + T_{eau}^{out}}{2}$.

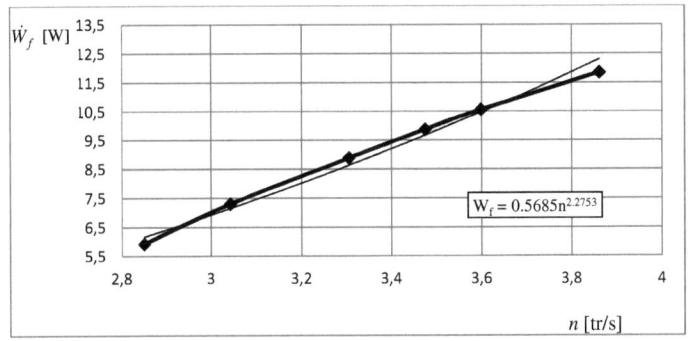

Figure 6.3: Influence de la vitesse de rotation sur la puissance mécanique de frottement $\dot{W}_f$.

Tableau 6.3: Résultats expérimentaux – moteur Beta

n[tr/s]	$\dot{Q}_h$ [W]	$\dot{Q}_l$ [W]	$\dot{W}_f$ [W]	$\dot{Q}_{pertes}$ [W]	T_l [°K]	T_h [K]	ΔT_h	η [%]
2.85	69.6	42.44	5.92	24.48	329.83	435.43	40.23	3.85
3.04	74.7	43.43	7.3	27.99	328.08	440.76	41.36	4.39
3.31	79.98	47.38	8.88	28.77	327.19	441.79	36.79	4.8
3.47	85.44	52.31	9.87	28.9	326.76	443.05	33.78	4.96
3.59	91.08	55.27	10.56	31.36	326.24	444.91	32.05	4.89
3.86	97.85	56.26	11.84	36.43	325.43	447.78	31.81	5.27

Simulations numériques

Thermodynamique en Dimensions Physiques Finies

L'algorithme de calcul TDPF permet le calcul de la quantité supplémentaire à assurer par la source chaude $Q_{reg}^S = \frac{\dot{Q}_h}{n} - Q_{inrev}$ et du rendement de régénération $\eta_{reg} = 1 - k\,ln\,\varepsilon(\gamma - 1)$, avec $k = \dfrac{Q_{reg}^S}{E_\varepsilon\left(1 - \dfrac{T_l}{T_h}\right)}$.

La puissance mécanique estimée par la méthode TDPF, qui ne prend pas en compte les réversibilités internes autres que la régénération imparfaite est donnée par la relation $|\dot{W}_{TDPF}| = \dot{Q}_{inrev} - |\dot{Q}_{outrev}|$. Une illustration numérique est présentée ci-dessous sous forme schématique, pour une vitesse de rotation $n = 3.86\,[\text{tr/s}]$.

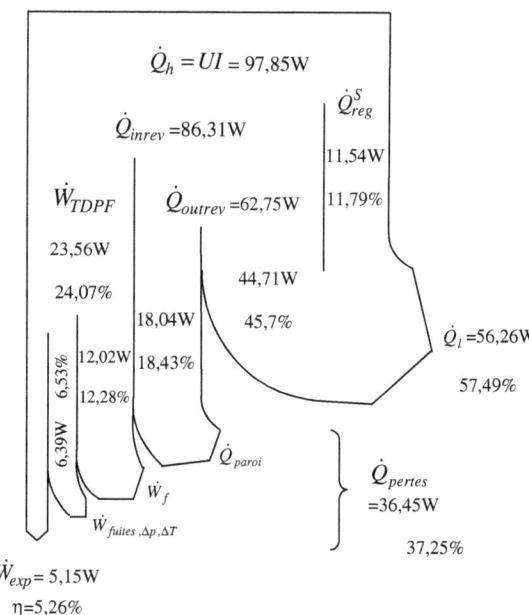

Figure 6.4: Schéma bilan énergétique

Ainsi, la méthode TDPF combinée avec les données expérimentales, permet le calcul du rendement de régénération et les différentes pertes de puissance pendant le fonctionnement (conduction, convection, rayonnement, frottement piston/cylindre, fuites, pertes de charge etc.).

Méthode 0D

La méthode zéro-dimensionnelle la plus appropriée à la géométrie du moteur Beta est la méthode isothermique. Le moteur est ainsi divisé en trois volumes, caractérisés par trois températures différentes: $T_h = T_{wh} + \dfrac{\dot{Q}_{pertes}}{hA_h}$, $T_l = T_{wl} + \dfrac{\dot{Q}_l}{hA_l}$ et $T_{reg} = \dfrac{T_h - T_l}{ln\dfrac{T_h}{T_l}}$

Les volumes instantanés respectivement de détente et de compression sont:

- $V_e = \dfrac{V_{e0}}{2}[1-cos\varphi] + V_{m_e} = V_h$

    avec V_{e0}, le volume balayé par le piston déplaceur $V_{e0} = \pi R_d^2 C_d$

    V_{m_e}, le volume mort de détente $V_{m_e} = \pi R_d^2 H_m$.

- $V_c = \left\{\dfrac{V_{e0}}{2}[1+cos\varphi] + \dfrac{V_{c0}}{2}[1-cos(\varphi-\varphi_0)] - V_{0l}\right\} + V_{m_c}$

    Avec V_{c0}, le volume balayé par le piston moteur $V_{c0} = \pi R_p^2 C_p$.

    V_{l0}, le volume de chevauchement - pour ce moteur $V_{0l} = 0.008 \cdot S_p$.

    V_{m_c}, le volume mort de compression $V_{m_c} = \pi R_p^2 H_m$.

    φ_0, le déphasage entre les deux pistons $\varphi_0 = 110 \cdot \dfrac{\pi}{180}$

Les résultats du modèle 0D sont les variables instantanées (température, pression, volume…).

Le cycle thermodynamique ainsi obtenu est présenté en bleu (extérieur) sur la figure suivante, par comparaison avec le cycle réel, en vert (intérieur), obtenu expérimentalement.

Les deux cycles sont superposés et limités par les mêmes pressions et volumes extrêmes. Ceci est dû à la prise en compte de la cinématique du moteur, par les expressions des volumes instantanés fonction de l'angle vilebrequin. La puissance indiquée calculée avec le modèle 0D est de 9,89W, plus proche de la valeur obtenue expérimentalement dans les mêmes conditions de fonctionnement (5,15W) que celle obtenue avec le modèle TDPF (23,56W).

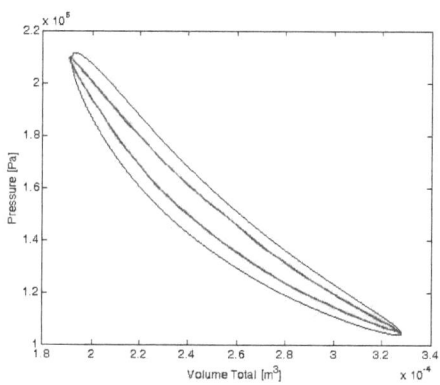

Figure 6.5: Diagramme indicateur pour n=3,86tr/s

6.2 Fonctionnement machine à froid

La machine Stirling de type beta peut fonctionner comme machine à froid si l'on entraîne l'arbre moteur par un moteur électrique, dans le même sens qu'en fonctionnement moteur, comme indiqué sur la figure suivante. De cette manière le déplaceur garde toujours une avance de 110° par rapport au piston moteur et le transfert de chaleur se réalise de la culasse vers le circuit d'eau. La détente a donc lieu lorsque le gaz de travail se trouve dans la partie supérieure du cylindre, en contacte avec la culasse. Ce système servira à abaisser la température de la culasse (source froide) et à transférer les calories prélevées de la culasse vers le circuit d'eau qui constituera le puits chaud, avec une dépense d'énergie au niveau du moteur électrique.

Le cycle Stirling théorique qui décrit le fonctionnement de cette machine est présenté sur la *Figure 6.7*. Pour une meilleure compréhension du fonctionnement on place à la fin de chaque transformation un schéma indiquant les positions correspondantes des deux pistons.

La résistance électrique qui servait de source chaude en configuration moteur est remplacée par un thermocouple qui mesure la température interne du cylindre et une résistance électrique qui sert à déterminer par compensation la puissance frigorifique produite. Ces paramètres permettent le calcul de la conductance de l'échangeur froid (partie supérieure du cylindre): $K_l = \dfrac{\dot{Q}_l}{\Delta T_l}$ et du coefficient global d'échange de chaleur $h = \dfrac{K_l}{A_l}$. Une corrélation $h=f(n)$ a été ainsi déterminée expérimentalement, à partir des résultats obtenus pour 6 régimes de fonctionnement.

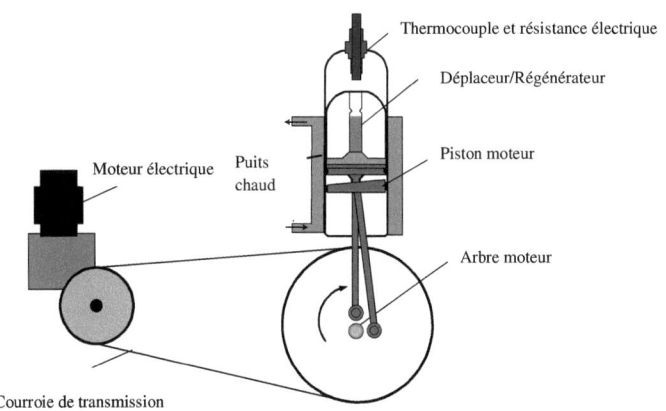

Figure 6.6: Schéma de la machine à froid Stirling de type Beta.

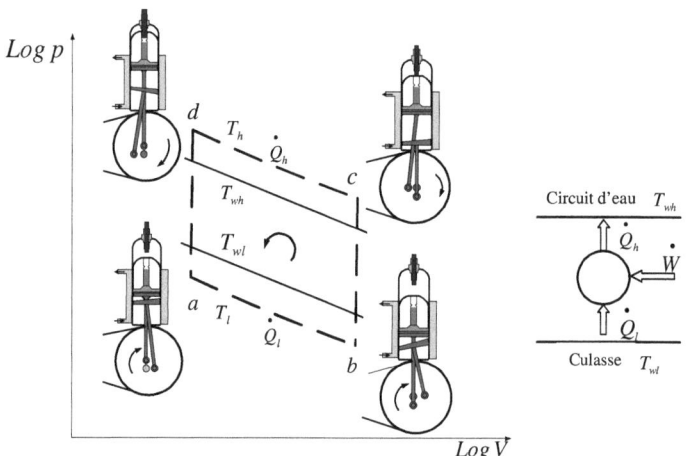

Figure 6.7: Cycle de fonctionnement de la machine à froid Stirling de type Beta.

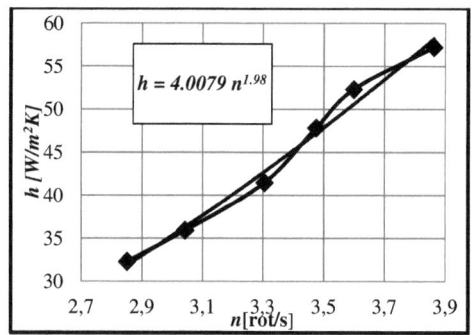

Figure 6.8: Variation du coefficient global d'échange de chaleur par rapport à la vitesse de rotation de l'arbre moteur

Quelques résultats expérimentaux sont regroupés dans le tableau ci-dessous. L'augmentation de la vitesse de rotation implique une très légère augmentation de la température dans la partie inférieure du cylindre T_l et une diminution de la température au niveau supérieur du cylindre T_h. La différence de température dans le cylindre diminue, ce qui implique une augmentation du COP.

Tableau 6.4: Données expérimentales – machine frigorifique Stirling de type Beta.

n[tr/s]	$T_l[K]$	$T_h[K]$	ΔT_{cyl}	$\dot{W}[W]$	$\dot{Q}_l[W]$	COP[-]
2.85	249	400.57	151.57	10.4	12.35	1.642
3.04	250	377.69	127.69	10.58	13.4	1.957
3.31	250.3	354.50	104.20	9.65	14.7	2.402
3.47	250.5	339.42	88.92	9.54	16.5	2.817
3.6	250.4	329.1	78.69	9.71	17.94	3.181
3.86	250.7	322.05	71.35	9.54	19.2	3.513

Analyse exergétique de la machine

Sur le diagramme Température/Volume (*Figure 6.5*) on trace les flux d'entropie qui suivent le sens du transfert de chaleur (de la culasse vers le circuit d'eau).

Ainsi le bilan entropique s'écrit sous la forme:

$$\dot{S}_{wh} = \left|\dot{S}_{wl}\right| + \dot{\Pi}_{\Delta T_l} + \dot{\Pi}_{\Delta T_h} + \dot{\Pi}_{reg} \tag{6.1}$$

ou

$$\frac{\left|\dot{Q}_h\right|}{T_{wh}} = \frac{\dot{Q}_l}{T_{wl}} + \dot{\Pi}_{\Delta T_l} + \dot{\Pi}_{\Delta T_h} + \dot{\Pi}_{reg} \tag{6.2}$$

Sachant que $\left|\dot{Q}_h\right| = \dot{W} + \dot{Q}_l$, ce bilan entropique devient: $\dfrac{\dot{W}+\dot{Q}_l}{T_{wh}} = \dfrac{\dot{Q}_l}{T_{wl}} + \sum \dot{\Pi}$.

Si $T_{wh} = T_0$, la température de référence pour l'exergie, alors:

$$\dot{W} = \dot{Q}_l \frac{T_0}{T_{wl}} - \dot{Q}_l + T_0 \sum \dot{\Pi} = \dot{Q}_l \left(\frac{T_0}{T_{wl}} - 1\right) + T_0 \sum \dot{\Pi} = \left|\dot{E}x_{\dot{Q}_l}^{T_{wl}}\right| + \sum \dot{i} \tag{6.3}$$

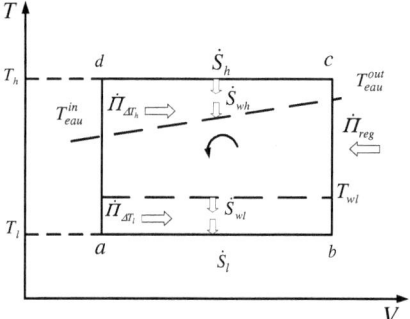

Figure 6.9: Schéma bilan entropique

Les diagrammes fonctionnels des volumes de détente et de compression sont présentés sur la *Figure 6.10*:

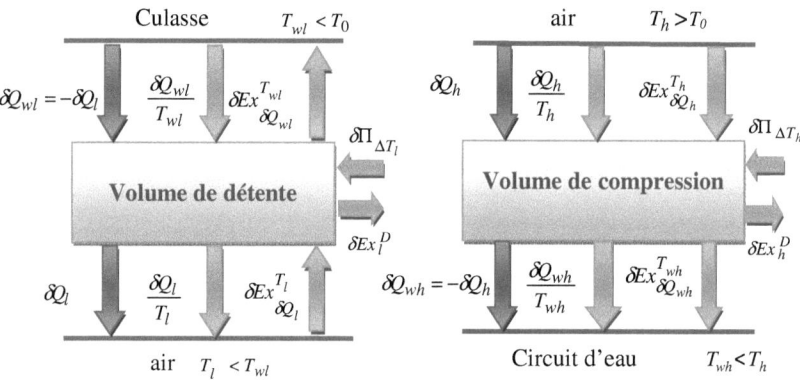

Figure 6.10: Diagramme fonctionnel des volumes de détente et de compression

L'effet utile de la machine représente l'exergie **fournie** à la culasse $\delta Ex_{Q_{wl}}^{T_{wl}} = \left(1 - \dfrac{T_0}{T_{wl}}\right)\delta Q_{wl} > 0$ en termes exergétiques, ou bien la quantité de chaleur **enlevée** à la culasse $\delta Q_{wl} < 0$, en termes énergétiques. Etant donné que la température moyenne du circuit d'eau T_H est supérieure à la température ambiante T_0, l'exergie reçue par le circuit d'eau sera non nulle $\delta \dot{E}x_{Q_{wh}}^{T_{wh}} = \left(1 - \dfrac{T_0}{T_{wh}}\right)\delta Q_{wh} > 0$.

Les grandeurs apparaissant dans les équations précédentes sont calculées en utilisant les bilans exergétiques locaux, sous forme intégrale en partant des résultats expérimentaux ou sous forme différentielle, en complétant la méthode Schmidt (3 volumes) avec l'approche exergétique. Les paramètres initiaux sont présentés dans le tableau suivant:

Tableau 6.5: Conditions initiales - méthode exergétique

n [tr/s]	T_l [K]	T_{wl} [K]	T_h [K]	T_{wh} [K]	T_0 [K]
3.86	250.7	268.5	306.62	295	293

Les résultats expérimentaux et obtenus avec la méthode 0D sont présentés dans le *Tableau 6.6*.

	Experiment	Model 0-D
$\dot{Q}_l$ [W]	19.2	29.17
$\|\dot{Q}_h\|$ [W]	32.57	40.22
$\dot{W}$ [W]	9.54	11.26
$\|\dot{E}x_{Q_l}^{T_l}\|$ [W]	3.24	4.92
$\dot{E}x_{Q_{wl}}^{T_{wl}}$ [W]	1.75	2.66
$\dot{E}x_l^D$	1.49	2.26
η_{ex_l} [%]	54.08	54.06
ξ_l [%]	45.92	45.94
$\|\dot{E}x_{Q_h}^{T_h}\|$ [W]	1.45	1.81
$\dot{E}x_{Q_{wh}}^{T_{wh}}$ [W]	0.22	0.27
$\dot{E}x_h^D$	1.23	1.53
η_{ex_h} [%]	15.26	15.07
ξ_h [%]	84.73	84.93
η_{ex} [%]	18.372	23.65

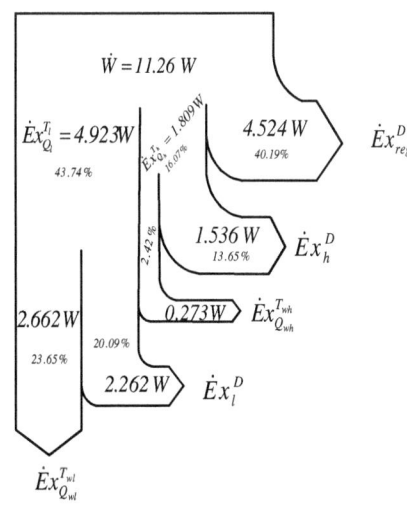

Figure 6.11: Schéma bilan exergétique de la MAF

La présentation schématique des résultats permet d'avoir un bilan rapide de la machine et de cerner les pertes exergétiques du système. On remarque ici l'importance du choix de matériau et des dimensions du régénérateur pour le bon fonctionnement de la machine, l'exergie détruite au niveau du régénérateur étant plus élevée que celle détruite aux niveaux des échangeurs.

7. MOTEUR STIRLING ALPHA

7.1 Moteur Stirling dédié à une centrale solaire thermodynamique

Le dimensionnement d'un moteur Stirling d'une Micro Centrale Solaire Themodynamique et l'optimisation de son fonctionnement ont été réalisé dans le cadre de la thèse de doctorat d'Antoine Mathieru, en co-direction LEMTA/LEME [*Antoine Mathieu, 2010*].

Le point de départ de travail repose sur le constat suivant: à l'heure actuelle, 1.6 milliards de personnes à l'échelle mondiale n'ont toujours pas accès à l'électricité. Pour environ la moitié, ces personnes appartiennent à une population rurale et vivent dans des sites isolés. Seule une solution basée sur une production locale d'électricité semble alors envisageable. De plus, pour être adaptée à la population ciblée, essentiellement d'Afrique et d'Asie, cette solution doit avoir des coûts d'exploitation très faibles et se distinguer par sa simplicité et sa robustesse.

Une réponse alternative face à ces problématiques majeures est apportée en proposant une solution pour la production d'électricité locale de faible puissance, particulièrement adaptée à la cible envisagée, typiquement un village rural dans un pays en voie de développement: une solution simple, robuste, avec une maintenance facile et des coûts d'exploitation très faibles, sans l'utilisation de matériaux néfastes pour l'environnement.

Une comparaison des moteurs Stirling avec des machines à vapeur ou à gaz pour une température de la source chaude de 950°C, a été réalisée par [*Kautz, 2007*]. Il montre que les moteurs Stirling sont plus efficaces pour des puissances de l'ordre de 10 KW.

Le *Tableau 7.1* résume la durée de vie et le rendement global de la turbine à vapeur et du moteur Stirling dans leur gamme de puissance correspondante (Stirling pour les faibles puissances et la turbine à vapeur pour une puissance supérieure à 1MWe).

Tableau 7.1: Comparaison des 2 technologies (TAV et moteur Stirling), [Gorssek et al., 2003]

Technologies	Gamme de Puissance	Rendement global	Durée de vie
Turbine à vapeur	> 1MWe	12 à 25 %	moyenne
Moteur Stirling	1 à 100kWe	7 à 12%	élevée

Contrairement aux architectures de microcentrales solaires traditionnelles, la principale contrainte imposée dans ce projet est de ne pas fonctionner à haute température, ce qui implique un rendement réduit, le rendement maximal théorique d'un cycle thermodynamique, dépendant directement des températures chaude et froide. Par conséquent, la qualité de conversion du système sera évaluée par le rendement exergétique, qui prend en considération le niveau de température, le rendement du système devant être comparé au rendement maximum de Carnot pour qu'il soit représentatif.

Les éléments principaux de la centrale sont présentés sur la *Figure 7.1* et les caractéristiques géométriques du moteur simulé sont présentées dans le *Tableau 7.2*.

Tableau 7.2: Paramètres caractéristiques du moteur

Dimensions du moteur	Valeur	Unité	Paramètres calculés	Expression	Unité
$e_h = e_l = e_{reg}$	$5\,10^{-4}$	m	A^t_h	$Np.e_h.l_h$	m^2
$R_e = R_c$	0.1	m	A^t_{reg}	$Np.e_{reg}.l_{reg}$	m^2
$Z_{amp\_e} = Z_{amp\_c}$	0.1	m	A^t_l	$Np.e_l.l_l$	m^2
φ	$\pi/2$	rad	A^t_e	$\pi * R_e^2$	m^2
Np	67	-	A^t_c	$\pi * R_c^2$	m^2
$l_h = l_{reg} = l_l$	0.2	m	A_h	$2.Np.l_h L_h$	m^2
$L_l = L_h$	0.2	m	A_{reg}	$2.Np.l_{reg} L_{reg}$	m^2
L_{reg}	0.5	m	A_l	$2.Np.l_l L_l$	m^2
H_m	$2*10^{-3}$	m	V_e	$\pi * R_e^2 (Z_{amp\_e} + H_m)$	m^3
			V_c	$\pi * R_c^2 (Z_{amp\_c} + H_m)$	m^3
			D_h	$2*e_h$	m
			D_{reg}	$2*e_{reg}$	m
			D_l	$2*e_l$	m

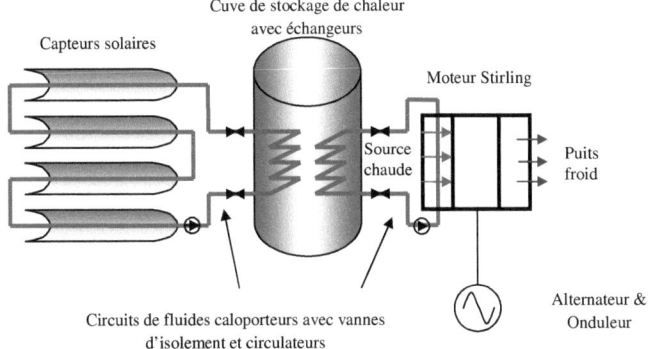

Figure 7.1: Schéma de la micro-centrale solaire thermodynamique

Les données thermodynamiques du moteur étudié sont présentées dans le *Tableau 7.3*.

Tableau 7.3: Données thermodynamiques du moteur

Données thermodynamiques	Valeur	Unité
T_{wh}	533	°K
T_{wl}	333	°K
c_p	1004	$Jkg^{-1}K^{-1}$
r	287	$Jkg^{-1}K^{-1}$
$h_h=h_l$	900	$Wm^{-2}K^{-1}$

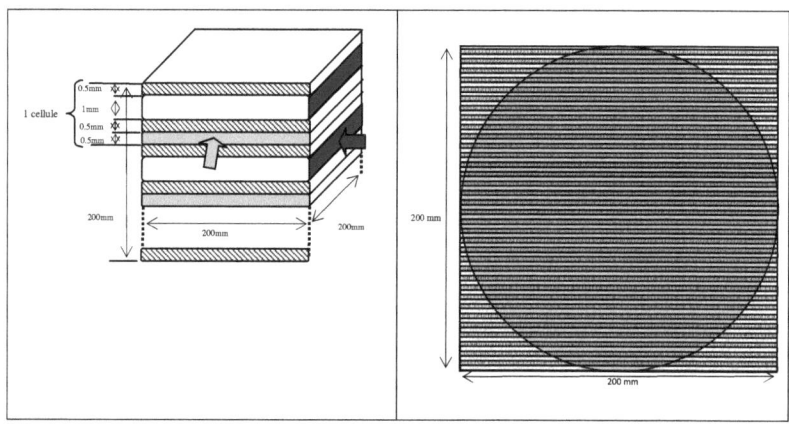

Figure 7.2: Géométrie des échangeurs chaud et froid

Modèle thermodynamique et résultats

La modélisation du moteur Stirling est basée sur un modèle adiabatique, zéro-dimensionnel, à pression instantanée de gaz uniforme et régénération imparfaite. Le calcul des puissances mises en jeu dans le moteur nécessite la connaissance des états initiaux des volumes des espaces de compression et de détente, ainsi que la pression et la vitesse initiales. L'angle initial a été choisi de sorte que la vitesse initiale soit voisine de zéro.

Tableau 7.4: Conditions initiales du modèle thermodynamique

Paramètres	Valeurs	Unité
p_i	2000000	Pa
φ_i	$\pi*187/180$	rad
V_{e_i}	$\pi R_e^2 \left(\dfrac{Z_{amp\_e}}{2}(1-\cos\varphi_i) + H_m \right)$	m^3
V_{c_i}	$\pi R_c^2 \left(\dfrac{Z_{amp\_c}}{2}(1-\cos(\varphi_i - \varphi_0)) + H_m \right)$	m^3

Cette analyse repose sur la division du moteur en cinq espaces élémentaires: un volume de détente et un volume de compression adiabatiques, des échangeurs chaud et froid isothermes et un régénérateur/récupérateur dont la température de sortie dépend du rendement de régénération.

Pour déterminer les températures des volumes chaud et froid T_h et T_l, on exprime les flux de chaleur moyens transférés au fluide moteur par convection:

$$\dot{Q}_h = h_h A_h (T_{wh} - T_h) \tag{7.1}$$

$$\dot{Q}_l = h_l A_l (T_l - T_{wl}) \tag{7.2}$$

avec T_{wh} et T_{wl} les températures de paroi et h_h et h_l les coefficients d'échange convectif moyens. Ainsi,

$$T_h = T_{wh} - \frac{\dot{Q}_h}{h_h A_h} \tag{7.3}$$

$$T_l = T_{wl} + \frac{\dot{Q}_l}{h_l A_l} \tag{7.4}$$

La *Figure 7.3* montre le cycle (p,V) dans les espaces de compression et de détente au $20^{\text{ème}}$ cycle du programme. La somme des surfaces définies par leur intersection symbolise le travail fourni lors d'un cycle moteur.

La pression varie de $1.7 \; 10^6$ à $5 \; 10^6$ Pa.

Dans ce modèle, on ne prend pas en compte les pertes de charge ni la variation du transfert de chaleur avec les conditions de fonctionnement. Le coefficient de transfert convectif est considéré constant, égal à 900 W/m²K pour les résultats présentés dans le *Tableau 7.4*, et la vitesse du gaz est considérée uniforme dans chacun des volumes. Les hypothèses sur les températures aux interfaces échangeur/récupérateur impliquent des volumes homogènes et des mélanges de gaz instantanés au niveau de ces interfaces. Cette hypothèse simplificatrice a des conséquences sur les résultats de la simulation qui s'éloignent des résultats réels d'un moteur Stirling. Pour pallier à ce problème, en particulier pour mieux simuler le gradient de température qui existe dans le récupérateur, il faut diviser le volume du récupérateur en plusieurs cellules isothermes.

Le *Tableau 7.5* fournit les résultats de la simulation correspondants à une vitesse de rotation du moteur de 300tr/min.

Les résultats obtenus avec le modèle 0D ont été confrontés avec ceux obtenus à l'aide d'un programe Matlab évolutif, qui décrit des modèles 1D du moteur divisé en 5 volumes avec des nombres différents de cellules au régénérateur et prenant en compte plusieurs pertes d'énergie (*Tableau 7.6*). Ce tableau permet de rendre compte de l'importance de chaque perte énergétique, de son influence sur la puissance totale fournie par le moteur.

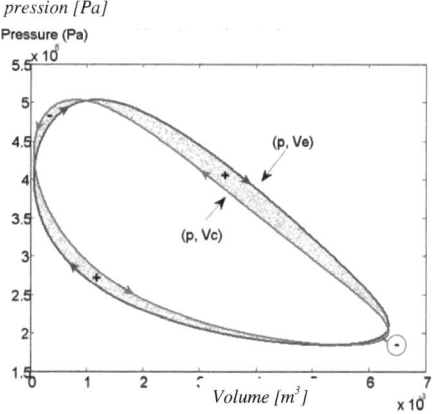

Figure 7.3: Cycles (p,V) dans les volumes de détente et de compression

On remarque que le modèle 0D surévalue la puissance que le moteur dimensionné sera capable de fournir. Par contre, ce modèle présente l'intérêt de la simplicité et de la facilité de l'intégrer dans un modèle global d'un système plus complexe. D'où l'intérêt d'une correction à apporter à ce modèle, à l'aide de corrélations empiriques déduites expérimentalement, appliquée sur les résultats de la modélisation, sous forme de perte de pression, ou directement puissance totale perdue.

Tableau 7.5: Résultats de la simulation pour un cycle

Paramètres	Valeurs
Chaleur échangée à l'échangeur chaud Q_h, [J]	22800
Ecart des chaleurs échangées à l'échangeur récupérateur Q^d_{reg} [J]	-822.1
Chaleur échangée à l'échangeur froid Q_l, [J]	-20020
Travail indiqué W, [J]	-1885
Erreur relative sur bilan [%]	3.8
Puissance indiquée $\dot{W}$, [W]	-9425
Flux de chaleur moyen à l'échangeur chaud $\dot{Q}_h$ [W]	114000
Flux de chaleur moyen à l'échangeur récupérateur $\dot{Q}_{reg}$ [W]	-4110.5
Flux de chaleur moyen à l'échangeur froid $\dot{Q}_l$ [W]	-100100
Vitesse de rotation n [tr/min]	300

La division du régénérateur en plusieurs cellules est utile pour une meilleure représentativité des phénomènes de transfert. Néanmoins, si l'on compare les modèles 2, 3 et 4, on se rend compte que 5 cellules permettent déjà une bonne modélisation du régénérateur, tout en limitant le temps de calcul.

Tableau 7.6: Comparaison de modèles 0D et 1D

Modèle	Description	$\dot{W}$ [W]
Modèle 1	modèle 0D	9425
Modèle 2	modèle 1D -5 volumes et 5 cellules au régénérateur -prise en compte des pertes de charge f=0,04	5610
Modèle 3	modèle 1D -5 volumes et 10 cellules au régénérateur -prise en compte des pertes de charge f=$f(Re)$	5334
Modèle 4	modèle 1D -5 volumes et 20 cellules au régénérateur -prise en compte des pertes de charge f= $f(Re)$	5488
Modèle 5	modèle 1D -5 volumes et 10 cellules au régénérateur -prise en compte des pertes de charge f=$f(Re)$ -prise en compte de l'inertie thermique des parois en Al, d'épaisseur 0.5mm	4820
Modèle 6	modèle 1D -5 volumes et 10 cellules au régénérateur -prise en compte des pertes de charge f=$f(Re)$ -prise en compte de l'inertie thermique des parois en Al, d'épaisseur 0.5mm -prise en compte des fuites	3286

7.2 Micro-cogénérateur avec moteur Stirling

Les moteurs Stirling présentent nombreuses caractéristiques qui les rendent idéaux pour des applications de microgénération: remarquable efficacité énergétique, silencieux, longs intervalles d'entretien et longue durée de vie. En même temps, ils nécessitent un refroidissement très efficace pour fonctionner correctement. Cette dernière caractéristique est exploitée par l'unité de microcogénération WhisperGen pour que le moteur devienne une source à la fois d'eau chaude et d'électricité. L'eau utilisée comme liquide réfrigérant pour le moteur est utilisée par le système de chauffage central d'une maison individuelle.

Le moteur Stirling de l'unité de microcogénération possède quatre pistons double effet, ascendants et descendants en fonction du cycle d'expansion et de contraction du gaz de travail (azote), contenu dans les cylindres du moteur sous pression.

Le gaz de travail se détend lorsqu'il est chauffé par les gaz brûlés dans une chambre de combustion située au-dessus des cylindres. Il se contracte lorsqu'il est refroidi par l'eau du chauffage central circulant dans la partie inférieure du moteur.

L'étude de la géométrie du moteur Stirling utilisé a permis d'alimenter nos modèles thermodynamiques.

- **L'échangeur chaud**

Une section de l'échangeur chaud est présentée sur la *Figure 7.4*.

Le volume d'azote à l'échangeur chaud peut être exprimé comme suit:

$$V_h = V_{h_1} + V_{h_2} + V_{h_3} \tag{7.5}$$

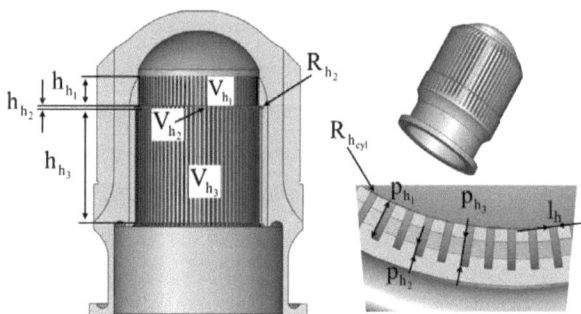

Figure 7.4: Section de l'échangeur chaud coté azote et grossissement sur les ailettes.

Il représente la somme des trois volumes suivants:

$$V_{h_1} = \frac{p_{h_1} \cdot l_h \cdot h_{h_1}}{2} \cdot N_h \qquad (7.6)$$

$$V_{h_2} = \frac{\pi R_{h_2}^2}{2} \cdot 2\pi R_{h_{cyl}} + N_h \cdot (p_{h_3} - R_{h_2}) \cdot 2R_{h_2} \cdot l_h \qquad (7.7)$$

$$V_{h_3} = (p_{h_3} \cdot l_h \cdot h_{h_3}) \cdot N_h$$

avec N_h - le nombre de rainures. Après calcul, on obtient un volume total égal à

$$V_h = 5386{,}6 mm^3 \qquad (7.8)$$

La surface d'échange de chaleur de l'azote au niveau de l'échangeur chaud (à l'intérieur du cylindre) s'écrit sous la forme suivante:

$$A_h = A_{a_h} \cdot N_h + A_{h_2} \qquad (7.9)$$

où A_{a_h} représente la surface d'un espace inter-ailette, $A_{a_h} = A_{a_{h_1}} + A_{a_{h_2}} + A_{a_{h_3}}$, avec:

$$A_{a_{h_1}} = \frac{p_{h_1} \cdot h_{h_1}}{2} \cdot 2 + l_h \cdot h_{h_1} \tag{7.10}$$

$$A_{a_{h_2}} = \left[l_h \cdot 2R_{h_2} + 2(p_{h_3} - R_{h_2}) \cdot 2R_{h_2} \right] \tag{7.11}$$

$$A_{a_{h_3}} = h_{h_3} \cdot l_h + 2 \cdot p_{h_3} \cdot h_{h_3} \tag{7.12}$$

et A_{h_2} représente la section frontale d'une ailette dans l'espace 2 de l'échangeur

$$A_{h_2} = \frac{2\pi R_{h_2}}{2} \cdot 2\pi \left(R_{h_{cyl}} + R_{h_2} \right) - l_h \cdot 2R_{h_2} \cdot N_h \tag{7.13}$$

La surface d'échange de l'échangeur chaud obtenue est égale à

$$A_h = 212112{,}4 mm^2 \tag{7.14}$$

- **_Le régénérateur_**

Le régénérateur est constitué d'un tissu métallique (fil de e_r d'épaisseur et largeur de maille l_{mr}) enroulé dans la chemise du cylindre en $N_{cr} = 71$ couches (*Figures 7.5 et 7.6*). Afin de déterminer le volume d'azote contenu dans le régénérateur à un instant t, nous avons mesuré la section des mailles du tissu, la hauteur du tissu et le nombre de fils et de couches.

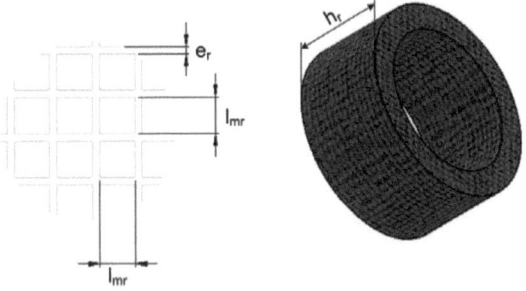

Figure 7.5: Schéma du régénérateur

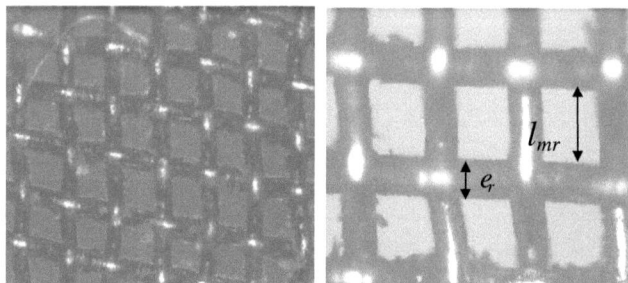

Figure 7.6: Clichés du régénérateur au microscope vue de dessus et vue de face (×40)

La distance entre deux couches est en moyenne $e_{cr} = 0.195\ mm$. L'étude de la géométrie du régénérateur permet de calculer son volume,

$$V_{reg} = 73076\ mm^3 \tag{7.15}$$

et sa surface d'échange de chaleur

$$A_{reg} = \left(\pi \cdot e_r \cdot h_r \cdot N_{f_v} + \pi \cdot e_r \cdot l_{mr} \cdot N_{f_v} \cdot N_{f_h}\right) \cdot N_{cr} \tag{7.16}$$

avec N_v - le nombre de fils verticaux;

et N_h - le nombre de fils horizontaux;

d'où $A_{reg} = 588659.4\ mm^2$ \hfill (7.17)

- ***L'échangeur froid***

Le volume de l'échangeur froid peut être exprimé de la même manière que celui de l'échangeur chaud, étant donné que leur géométrie est similaire (*Figure 7.7*):

$$V_c = (p_c \cdot l_c \cdot h_c) \cdot N_c \tag{7.18}$$

soit: $V_c = 3788.33\ mm^3$ \hfill (7.19)

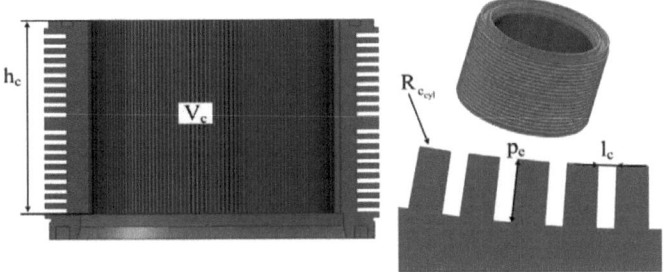

Figure 7.7: Section de l'échangeur froid coté azote et grossissement sur les ailettes.

La surface de cet échangeur s'écrit sous la forme simple suivante:

$$A_c = 2 \cdot h_c \cdot p_c \cdot N_c + (l_c \cdot h_c) \cdot N_c \qquad (7.20)$$

d'où:

$$A_c = 24561.7 \ mm^2 \qquad (7.21)$$

- ***Le volume mort de détente***

Lorsque le piston est au point mort haut, la hauteur entre le piston et la culasse est: h_{m_e} (*Figure 7.8a*). Le volume mort de détente est composé du volume de gaz placé entre le piston et la culasse et entre le piston et la chemise, étant donné que le segment d'étanchéité est placé dans la partie basse du piston.

$$V_{m_e} = V_{m_1} + V_{m_2} = 25729 mm^3 \qquad (7.22)$$

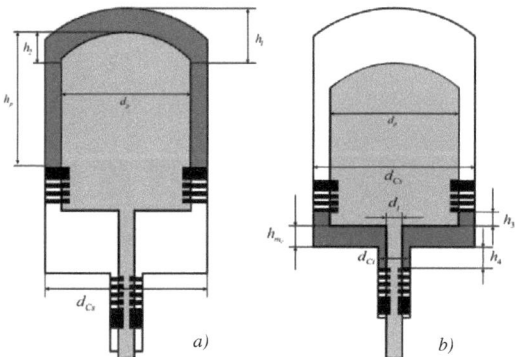

Figure 7.8: Présentation schématique des volumes morts de détente (a) et de compression (b).

- **_Le volume mort de compression_**

Au moment où le piston est au point mort bas, la hauteur entre le piston et le bloc-moteur est h_{m_c} à laquelle on ajoute la hauteur de la surface en périphérie du piston (entre le piston et sa chemise) au dessous du dernier segment d'étanchéité h_3, et la hauteur de l'espace entre la tige du piston et la chemise, jusqu'au premier segment d'étanchéité, h_4 (*Figure 7.8b*).

$$V_{m_c} = V_{m_{c1}} + V_{m_{c2}} = \pi \frac{h_{m_c}}{4}\left(d_{Cs}^2 - d_t^2\right) + \pi \frac{h_2}{4}\left(d_{Cs}^2 - d_p^2\right) + \pi \frac{h_3}{4}\left(d_{Ci}^2 - d_t^2\right) = 36998.402 \ mm^3$$

d_{Cs} - le diamètre de la chemise supérieure,

d_{Ci} - diamètre de la chemise inférieure,

d_t - le diamètre de la tige du piston.

Résultats des simulations. Comparaison avec l'expérience

Les dimensions géométriques calculées précédemment ont servi à alimenter les deux modèles 0D: isotherme et adiabatique. Le régime de fonctionnement du moteur est de 1532 tr/min.

Une comparaison avec l'expérience montre que le modèle adiabatique (5cellules) permet une meilleure description du fonctionnement du micro-cogénérateur (*Figure 7.9*). Les résultats obtenus sont plus proches des résultats expérimentaux pour une température de 750°C dans le volume chaud. Ceci semble évident, après avoir étudié la géométrie du moteur. Les volumes de détente et de compression étant séparés des échangeurs de chaleur, une division du moteur en cinq volumes semble plus judicieuse. L'hypothèse d'adiabaticité des volumes de détente et de compression ne pénalise pas beaucoup les résultats de la simulation, les échanges de chaleurs avec les parois étant négligeables devant ceux aux niveaux des échangeurs.

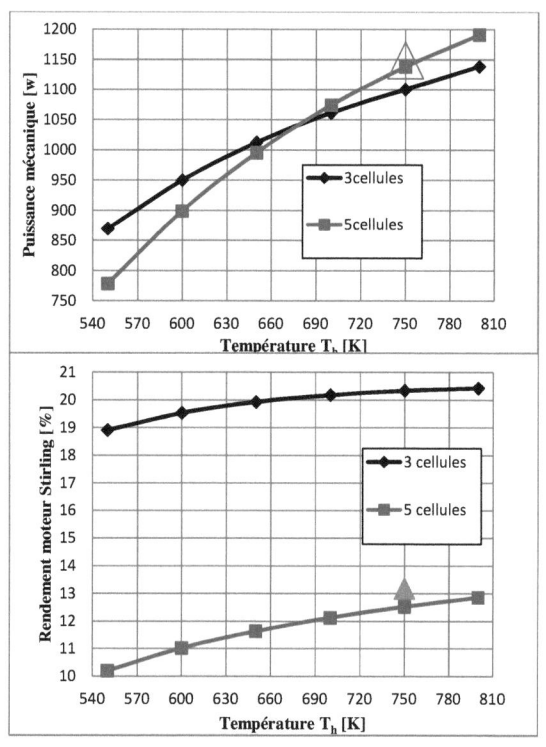

Figure 7.9: Comparaison résultats simulation-expérience pour plusieurs températures de volume chaud

8. SYSTEME DE RAFRAICHISSEMENT SOLAIRE A ABSORPTION

Un système à absorption, utilisant une solution de bromure de lithium/eau a été dimensionné pour permettre le rafraîchissement d'air dans un des bâtiments du Pôle Scientifique et Technologique de Ville d'Avray. Les résultats de deux simulations numériques obtenues avec Thermoptim et EES (Engineering Equation Solver) sont confrontés dans ce qui suit. [*Grosu L. et al., 2014*]

L'installation de rafraîchissement solaire qui assurerait une température intérieure de confort dans l'établissement E de Ville d'Avray est présentée sur la *Figure 8.1*. Dans le but d'alimenter le ballon de stockage chaud, puis le générateur de la machine à absorption, un champ de capteurs solaires plans à double vitrage pourrait être installé en toiture. Le ballon servirait de réservoir tampon, permettant ainsi une continuité de fonctionnement de l'installation lors des passages nuageux. La vanne trois voies de régulation, placée à l'entrée du ballon, s'ouvre lorsque la température de sortie du champ de capteurs solaires est supérieure à la valeur de la température en partie basse du ballon chaud. Le ballon de stockage froid serait placé entre la sortie de l'évaporateur de la machine à absorption et le circuit de distribution alimentant les ventilo-convecteurs situés dans les pièces à climatiser. Le circuit de refroidissement de l'absorbeur et du condenseur de la machine à absorption serait fermé, l'eau de refroidissement étant refroidie par des aérothermes placés en toiture.

Une étude classique du bâtiment à rafraîchir permet d'estimer la puissance frigorifique à installer, en sommant les différents apports thermiques: les déperditions thermiques à travers les parois, par les ponts thermiques, par les surfaces vitrées, les apports par les personnes, l'éclairage, le renouvellement d'air et les différents équipements des locaux. Les coefficients d'échange de chaleur obtenus, tenant compte de la composition des murs du bâtiment étudié, sont présentés dans le *Tableau 8.1*.

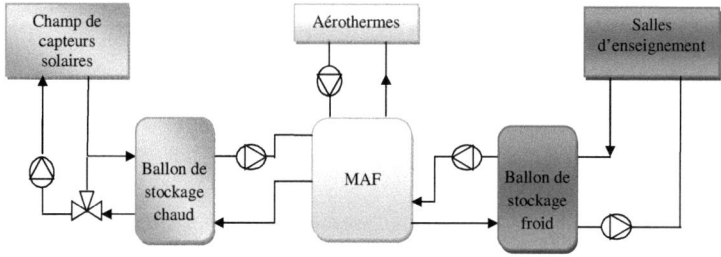

Figure 8.1: Schéma simplifié de l'installation de rafraîchissement solaire

Tableau 8.1.: Coefficients d'échange de chaleur du bâtiment étudié

élément	mur extérieur	mur intérieur	plancher	pilier	plafond
h [W·m^{-2}K^{-1}]	0,42	1,01	2,04	2,35	0,373

On obtient ainsi, pour une surface totale des locaux à rafraîchir de 637 m^2 et un volume correspondant de 1918 m^3, une puissance frigorifique au niveau de l'évaporateur de 45,6 kW.

Les modèles numériques élaborés permettent de prédire le comportement de l'installation dans son ensemble. Le fonctionnement du système à absorption a été simulé, dans un premier temps, à l'aide du logiciel Thermoptim (*Figure 8.2*). L'eau chauffée par les capteurs solaires à T_{GI} permet la désoption de la vapeur d'eau qui sort du désorbeur G au point 2, est condensée dans le condenseur Cd (sortie en 4), détendue dans la vanne de laminage VL, évaporée dans l'évaporateur Ev, puis absorbée dans l'absorbeur Abs ; la circulation de la solution LiBr (points 1, 1a, 3, 3a) permet la continuité du processus.

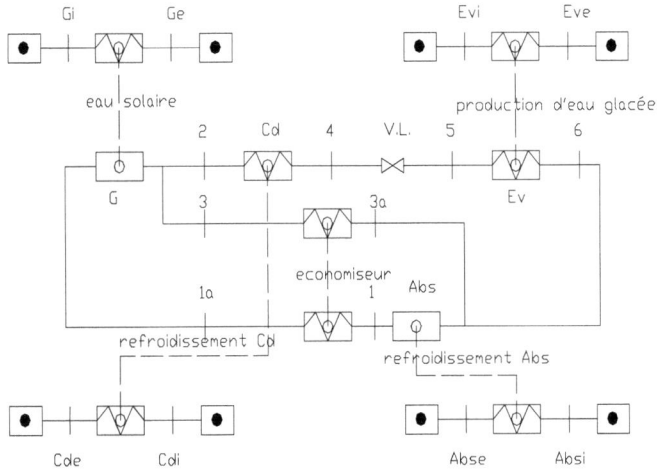

Figure 8.2: Schéma de la machine à absorption avec économiseur

Les données initiales sont présentées dans le *Tableau 8.2*.

Tableau 8.2: Paramètres de la simulation

$\dot{Q}_{Ev}$ [kW]	45,6
T_{Evi} [°C]	12
T_{Eve} [°C]	7
T_{Gi} [°C]	83
T_{Ge} [°C]	78
$T_{Abi} = T_{Cdi}$ [°C]	25
$T_{Abe} = T_{Cde}$ [°C]	29

Le débit d'eau glacée produite à l'évaporateur et envoyée dans les ventilo-convecteurs peut être calculé comme suit:

$$\dot{m}_{eg} = \frac{\dot{Q}_{Ev}}{c_p * (T_{Evi} - T_{Eve})} = 2,175\, kg/s \tag{8.1}$$

Les températures du fluide frigorigène sont calculées en supposant des écarts de température minimum aux échangeurs:

$$\begin{aligned} T_{Ev} &= T_{Evi} - \Delta T_{Ev} = 4°C \\ T_{Cd} &= T_{Cde} + \Delta T_{Cd} = 31°C \\ T_{Ab} &= T_{Cd} = 31°C \\ T_G &= T_{Ge} - \Delta T_G = 75°C \end{aligned} \tag{8.2}$$

Les pressions de saturation correspondantes aux températures T_{Ev} et T_{Cd}, imposées sous Themoptim sont $p_{Ev} = 0.00813$ bar, respectivement $p_{Cd} = 0.04491$ bar. L'algorithme de calcul sous Thermoptim est présenté sur la *Figure 8.3*.

Les résultats présentés dans le *Tableau 8.3* sont obtenus par calcul itératif. En plus des paramètres du modèle présentés dans le *Tableau 8.2*, pour la machine à absorption améliorée, avec économiseur, nous avons considéré le paramètre T_{3a}. Cette température à été choisie afin d'éviter la cristallisation, [M. Izquierdo, 2004].

$$T_{3a} = T_{Ab} + 15°C = 46°C \tag{8.3}$$

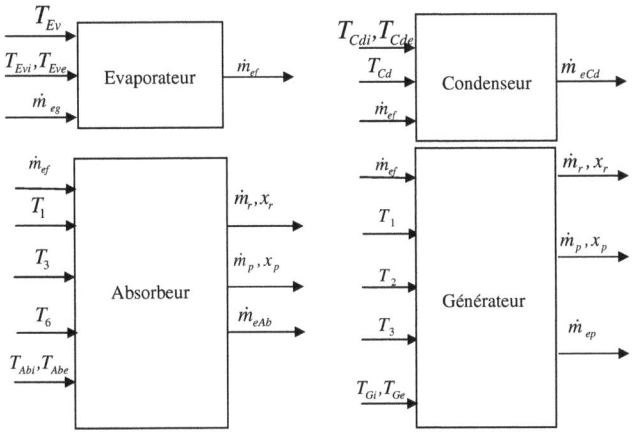

Figure 8.3: Algorithme de calcul sous Thermoptim

Tableau 8.3: Résultats obtenus pour la machine simple et avec économiseur

	$\dot{m}_{ef}$	$\dot{m}_r$	$\dot{m}_p$	$\dot{Q}_{Ab}$	$\dot{Q}_{Cd}$	$\dot{Q}_G$	$\dot{m}_{eAb}$	$\dot{m}_{eCd}$	COP
MAF simple	0,019	0,177	0,158	-64,78	-46,54	65,65	4,17	2,78	0,693
MAF avec Ec	0,019	0,177	0,158	-56,03	-46,54	57	3,35	2,78	0,8

L'analyse de ces résultats permet de souligner l'intérêt de l'échangeur récupérateur dans ce type d'installation, afin d'augmenter le coefficient de performance (COP), de réduire le débit de l'eau de refroidissement à l'absorbeur et de réduire la demande énergétique au générateur, avec des conséquences directes sur le nombre de capteurs solaires installés. Une étude paramétrique par rapport à l'écart de température ΔT_{Cd}, dans l'intervalle de variation de 2 à 7 °C, ce qui implique une variation des températures T_{Cd} et T_{Ab}, dans l'intervalle 31-36 °C, a été réalisée (*Figure 8.4*).

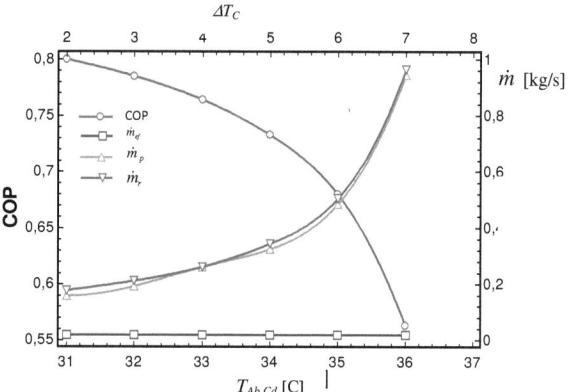

Figure 8.4: Variation de COP, $\dot{m}_{ef}$, $\dot{m}_p$ et $\dot{m}_r$ en fonction de $T_{Ab,Cd}$

Pour une même puissance frigorifique, une élévation de la température $T_{Cd} = T_{Ab}$ implique une demande d'énergie thermique au générateur plus importante, ce qui fait augmenter la surface du champ solaire et les débits des solutions riche et pauvre (et des diamètres de conduits plus élevés si l'on veut limiter la vitesse d'écoulement). Implicitement le COP du système diminue.

Les résultats obtenus avec la simulation numérique sous Thermoptim ont été confrontés avec ceux obtenus avec un deuxième code de calcul, sous EES (*Tableau 8.4*). Cette comparaison permet de valider les calculs sous EES, les erreurs relatives étant très faibles, en prenant comme référence les résultats sous Thermoptim. Ce changement de code a permis l'étude exergétique suivante.

Tableau 8.4: Comparaison des résultats Thermoptim et EES du système avec économiseur

T_{Cd} °C	COP		erreur COP %	$\dot{Q}_{Ab}$ kW		erreur $\dot{Q}_{Ab}$ %	$\dot{Q}_{Cd}$ kW		erreur $\dot{Q}_{Cd}$ %	$\dot{Q}_G$ kW		erreur $\dot{Q}_G$ %
	Th	EES		Th	EES		Th	EES		Th	EES	
31	0,8	0,781	2,38	56,0	56,1	-0,1	46,5	47,9	-2,9	57,0	58,4	-2,5
32	0,785	0,766	2,42	57,1	57,2	-0,1	46,6	47,9	-2,8	58,1	59,5	-2,5
33	0,764	0,746	2,36	58,6	58,8	-0,2	46,6	47,9	-2,7	59,7	61,2	-2,5
34	0,733	0,714	2,59	61,1	61,4	-0,4	46,7	47,9	-2,7	62,2	63,8	-2,6
35	0,68	0,66	2,94	66,0	66,6	-0,9	46,7	47,9	-2,6	67,1	69,1	-3,0
36	0,563	0,539	4,26	79,8	82,0	-2,7	46,7	47,9	-2,5	81,0	84,5	-4,4

Analyse exergétique de la machine à absorption avec économiseur

Une analyse exergétique, similaire aux études de [*M. Izquierdo, 1990*] et [*A. Sencan, 2005*], a été réalisée sous EES, avec comme paramètres de référence ceux du milieu ambiant: $p_0=1$ atm et $T_0=T_{Cdi}=25°C$. Chaque composant a été étudié en lui associant un „Combustible" (potentiel exergétique de départ, Cb), un „Produit" (flux d'exergie fourni par le composant, P) et une Irréversibilité, représentant la différence des deux flux précédents (i). Cette analyse exergétique sert à estimer les paramètres exergétiques locaux au niveau de chaque composant et de mettre en évidence ceux dont les performances sont critiques pour le système.

Le condenseur et l'évaporateur sont des composants relativement simples à analyser par rapport à l'absorbeur et au générateur pour lesquels il faut prendre en compte les concentrations des solutions LiBr et calculer deux types d'exergie (exergie thermo-mécanique et exergie chimique).

A titre d'exemple, on présente ci-dessous les expressions correspondantes à l'étude de l'évaporateur.

$$Cb_{Ev} = \dot{E}x_5 - \dot{E}x_6, \ P_{Ev} = \dot{E}x_{Eve} - \dot{E}x_{Evi}, \ \dot{I}_{Ev} = Cb_{Ev} - P_{Ev}, \ \eta_{exEv} = \frac{P_{Ev}}{Cb_{Ev}}, \ i^*_{Ev} = \frac{\dot{I}}{\dot{E}x_{Q_G}} \quad (8.4)$$

où $\dot{E}x_{Q_G} = \dot{Q}_G \left(1 - \frac{T_0}{T_{mG}}\right)$, avec $T_{mG} = \dfrac{T_{Gi} - T_{Ge}}{\ln\left(\dfrac{T_{Gi}}{T_{Ge}}\right)}$.

On en déduit le rendement exergétique de la machine à froid $\eta_{ex} = \dfrac{P_{Ev}}{\dot{E}x_{QG}}$ (8.5)

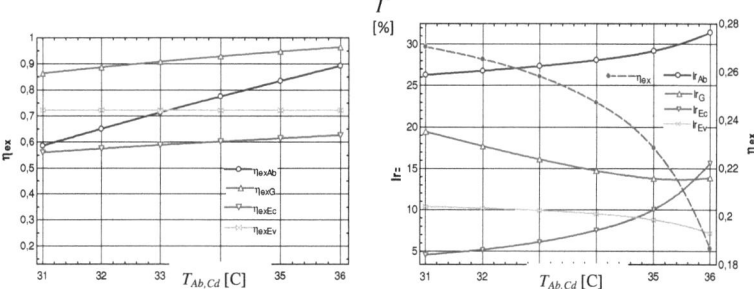

Figure 8.5: Variation des rendements exergétiques des composants en fonction de $T_{Ab,Cd}$

Figure 8.6: Variation du rendement exergétique de la machine et des irréversibilités des composants en fonction de $T_{Ab,Cd}$

Les *Figures 8.5 et 8.6* mettent en évidence deux raisonnements différents: une étude locale des composants et une étude système en comparant les irréversibilités au niveau de chaque composant au potentiel de départ, c'est-à-dire à l'exergie au générateur.

Une remarque intéressante qui résulte de cette analyse concerne l'absorbeur: les graphiques *8.5 et 8.6* montrent que l'élévation de la température de condensation (absorption) implique une augmentation simultanée du rendement exergétique de l'absorbeur et de la destruction d'exergie (irréversibilité) au niveau de ce composant, ce qui semble contradictoire.

Une analyse plus approfondie de l'absorbeur a été effectuée afin de comprendre ce phénomène. Nous avons commencé par isoler l'absorbeur (*Figure 8.7*) avec ses deux points d'entrée, 6 (eau - fluide frigorigène) et 3a (solution pauvre en fluide frigorigène avec la concentration x_p) et un point de sortie, 1 (solution riche en fluide frigorigène avec la concentration x_r).

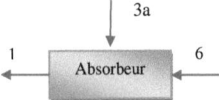

Figure 8.7: Représentation schématique de l'absorbeur

L'exergie massique totale qui caractérise la solution LiBr est calculée en utilisant l'expression suivante:

$$ex^{TOT} = (h - h_{e0}) - T_0(s - s_{e0}) \qquad (8.6)$$

avec h_{e0} et s_{e0}, l'enthalpie et l'entropie massiques de l'eau dans les conditions de référence: p_0=1 atm et t_0=25°C.

L'exergie spécifique thermo-mécanique est calculée comme suit:

$$ex^{TM} = (h - h_0) - T_0(s - s_0) \qquad (8.7)$$

où l'indice 0 indique la solution LiBr de même concentration que celle du point étudié, mais en équilibre thermo-mécanique avec le milieu ambiant (p_0, t_0).

L'exergie spécifique chimique représente la différence entre l'exergie spécifique totale et l'exergie spécifique thermo-mécanique:

$$ex^{CH} = ex^{TOT} - ex^{TM} \qquad (8.8)$$

Si l'on compare les flux d'exergie chimique aux flux d'exergie thermo-mécanique des solutions, on remarque une différence de l'ordre de 10^2 (*Tableau 8.5*). Par conséquent, l'évolution de l'exergie chimique définira l'évolution de l'exergie totale. Par contre, l'exergie chimique sera nulle au point 6, puisque la substance de référence est l'eau (fluide frigorigène).

Tableau 8.5: Flux d'exergie chimique et thermo-mécanique

aux points 3a et 1 de l'absobeur pour $T_{Ab,Cd}=32°C$

$\dot{E}x_{3a}^{CH}$ [kW]	$\dot{E}x_{3a}^{TM}$ [kW]	$\dot{E}x_1^{CH}$ [kW]	$\dot{E}x_1^{TM}$ [kW]
10,53	0,1776	4,636	0,02931

Le *Tableau 8.6* présente la variation des paramètres exergétiques à l'absorbeur en fonction de la température $T_{Ab,Cd}$. L'augmentation de la température de condensation et implicitement de la pression de condensation provoque une élévation de la concentration de la solution pauvre, x_p, en sortie de générateur. Par conséquent, l'exergie spécifique chimique à l'entrée de l'absorbeur ex_{3a}^{CH} diminue. La concentration de la solution étant définie par rapport au fluide frigorigène (eau) – même référence que l'exergie spécifique totale – plus la concentration se rapproche de 1 (100 % eau) moins élevée sera l'exergie spécifique chimique.

Une analogie intéressante avec l'exergie thermique peut être faite. Le raisonnement est le même, mais en termes de niveaux de température: l'exergie d'une quantité de chaleur augmente si l'écart de température par rapport à la température de référence augmente, alors que l'exergie chimique augmente si l'écart de concentration par rapport à la concentration de référence augmente.

Dans le *Tableau 8.6*, on observe également que la diminution de l'écart entre les concentrations des deux solutions, riche et pauvre, conduit à l'augmentation des débits véhiculés. Par conséquent les flux d'exergie $\dot{E}x_1^{CH}$ et $\dot{E}x_{3a}^{CH}$ augmentent.

Tableau 8.6: Résultats de l'étude paramétrique par rapport à $T_{Ab,Cd}$

$T_{Ab,Cd}$	$\dot{m}_r$	$\dot{m}_{ef}$	$\dot{m}_p$	x_p	x_r	ex_{3a}^{CH}	ex_1^{CH}	$\dot{E}x_{3a}^{CH}$	$\dot{E}x_1^{CH}$
°C	kg/s	kg/s	kg/s	%	%	kJ/kg	kJ/kg	kW	kW
31	0,181	0,019	0,162	0,399	0,462	56,75	18,72	9,197	3,393
32	0,216	0,019	0,197	0,404	0,457	53,37	21,41	10,53	4,636
33	0,269	0,019	0,25	0,409	0,452	50,07	24,15	12,52	6,501
34	0,357	0,019	0,337	0,415	0,446	46,84	26,94	15,8	9,608
35	0,531	0,019	0,511	0,420	0,441	43,67	29,77	22,34	15,81
36	1,049	0,019	1,03	0,426	0,436	40,55	32,65	41,76	34,26

Tableau 8.7: Variation des paramètres exergétiques à l'absorbeur

T_{ab}	Cb_{Ab}	P_{Ab}	η_{exAb}	$\dot{I}_{Ab}$	$\dot{E}x_{Q_G}$	$\dot{I}_{Ab}^*$
°C	kW	kW	%	kW	kW	%
31	5,82	3,41	0,586	2,409	9,167	26,28
32	7,16	4,66	0,650	2,503	9,344	26,78
33	9,17	6,55	0,713	2,626	9,602	27,35
34	12,5	9,69	0,775	2,813	10,02	28,07
35	19,12	15,9	0,834	3,164	10,84	29,18
36	38,8	34,6	0,892	4,172	13,27	31,44

Les résultats du *Tableau 8.7* montrent bien que la destruction d'exergie à l'absorbeur (i_{Ab}), qui représente la différence entre « Combustible » et « Produit », augmente avec l'élévation de la température $T_{Ab,Cd}$, alors que le rendement exergétique de ce composant augmente (le « Produit » augmente plus vite que le « Combustible »). L'analyse exergétique effectuée au niveau des composants principaux et du système globale, permet d'indiquer les équipements critiques du système – l'amélioration de leur fonctionnement pourrait augmenter le COP et le rendement exergétique du système η_{ex}. Cette analyse exergétique peut orienter également le choix des composants. Si la température du fluide de refroidissement au condenseur et à l'absorbeur est élevée, pour éviter la diminution de l'écart entre les concentrations des solutions riche et pauvre, on peut envisager un niveau de température plus élevé au générateur, ce qui permettra un choix plus judicieux des capteurs solaires.

9. SYSTEME COMBINE: ORC ET RAFRAICHISSEMENT SOLAIRE

Dans ce chapitre, on étudie la possibilité de couplage du système de rafraîchissement analysé précédemment (*chapitre 8*) avec un système à Cycle Organique de Rankine (ORC) pour la fourniture simultané d'électricité et de froid pendant l'été pour un établissement d'enseignement supérieur. Le système combiné est cette fois-ci alimenté par un champ solaire composé de capteurs à concentration linéaire.

La façon habituelle de fournir ces deux services dans un bâtiment sont de se connecter au réseau local électrique et d'installer un climatiseur alimenté électriquement. On étudie ici le couplage d'un cycle ORC (Cycle Organique de Rankine) avec une machine frigorifique à absorption (bromure de lithium / eau à simple effet). Les deux systèmes sont en série, alimentés par un circuit d'eau chaude à 140°C provenant d'un champ solaire placé en toiture du bâtiment.

La surface du champ solaire (300m^2) étant imposée par les dimensions du bâtiment, l'objectif de cette étude est d'estimer la puissance mécanique (électrique) que l'on peut obtenir avec un cycle ORC et de savoir si l'on peut assurer le rafraîchissement solaire du bâtiment, puissance frigorifique de l'ACS de 45,6kW obtenue après l'étude du comportement dynamique du bâtiment (*chapitre 8*).

Le système ORC utilise un fluide organique comme fluide de travail qui, à l'état vapeur, entraîne une turbine permettant de générer de l'électricité [*Marin A., 2014*]. Il s'agit là d'une installation prometteuse pour la conversion de chaleur à basse et moyenne température en l'électricité, ce qui la rend adaptée aux applications solaires. La particularité des fluides organiques consiste dans le fait qu'ils peuvent être utilisés à une température d'évaporation beaucoup plus faible qu'une turbine conventionnelle utilisant de l'eau comme fluide de travail en assurant un rendement élevé [*Yiping D. et al., 2009*], [*Wang X. D., 2010*], [*Guo T., 2011*].

Les fluides organiques utilisés habituellement sont: les fluides frigorigènes HFC (Hydro- Floro-Carbone), l'ammoniac, le butane, l'iso-pentane, le toluène qui ont en général une masse moléculaire élevée. Plusieurs fluides ont été comparés dans des travaux antérieurs et il a été constaté que R245fa présente des performances intéressantes pour un système solaire ORC [*Marin A., 2014*]. Pour ce fluide, la puissance mécanique est la plus élevée pour les mêmes conditions d'ensoleillement et de température ambiante, ce qui implique un rendement thermique plus élevé (pour la même dépense énergétique).

Le système combiné est composé de trois sous-systèmes: circuit primaire (capteurs solaires), cycle organique de Rankine et système de rafraîchissement par absorption (*Figure 9.1*). L'ensemble des échangeurs chauds du système ORC est en série avec le générateur du système de rafraîchissement (ACS – Absoption Cooling System).

Chaque sous-système et le système global sont analysés en utilisant le premier et le second principe de la thermodynamique. Un modèle de calcul est développé (sous EES) utilisant l'approche exergétique, afin d'étudier l'impact de quelques paramètres de fonctionnement (comme la température du champ solaire) sur les performances de l'ensemble du système.

Le fluide organique mis sous pression par la pompe d'alimentation est d'abord chauffé, ensuite évaporé et surchauffé dans les échangeurs de chaleur en contact avec le circuit primaire (solaire). La vapeur surchauffée obtenue à la sortie des échangeurs de chaleur met en mouvement la turbine ORC, le travail mécanique fourni par la turbine étant ensuite convertie en électricité. La vapeur sortante de la turbine est dirigée vers le condenseur où elle est refroidie par un circuit d'eau de refroidissement.

Le circuit solaire va ensuite chauffer la solution LiBr/H2O au niveau du générateur du système de rafraîchissement. Ceci permet l'évaporation de l'eau de cette solution, qui représente le fluide frigorigène circulant dans le condenseur, le détendeur et l'évaporateur de l'ACS. L'effet frigorifique se produit au niveau de l'évaporateur, composant qui permettra la production d'eau glacée (7°C) chargée de rafraîchir l'ambiance du bâtiment.

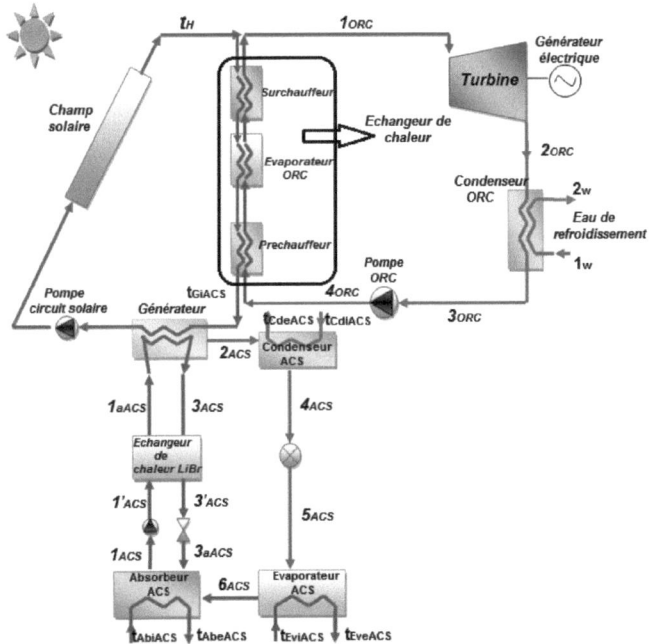

Figure 9.1: Schéma simplifié du système combiné ORC et ACS

9.1. Analyse énergétique et exergétique du Cycle Organique de Rankine

L'étude des caractéristiques des capteurs solaires et la contrainte de surface d'installation en toiture (300m^2), nous amènent à considérer les paramètres de départ de l'étude qui sont présentés dans le *Tableau 9.1*. Le débit de 0.5 kg/s imposé nous permet d'envisager une variation de température du circuit solaire de 60°C au total et 30°C au niveau de chaque système (ORC et ACS).

Tous les composants du système sont étudiés d'abord de point de vue énergétique, ensuite de point de vue exergétique.

Le rendement du champ solaire dépend du facteur optique (η_0) et des coefficients d'échange par convections (a_1, a_2), paramètres qui caractérisent les capteurs solaires (données constructeurs):

$$\eta_{sol} = \eta_0 - \frac{a_1(T_m - T_0)}{G} - \frac{a_2(T_m - T_0)^2}{G} \qquad (9.1)$$

Tableau 9.1: Paramètres initiaux pour le système ORC

Paramètres	Valeur	Unité
T_H	140	°C
$\Delta T_H = T_H - T_{1ORC}$	20	°C
$\Delta T_{solHE} = T_H - T_{GiACS}$	30	°C
$\dot{m}_{sol}$	0.5	kg/s
Δp_{sol}	0.5	bar
p_{sol}	16	bar
p_{HE}	10	bar

η_0	0.64	-
a_1	0.95	[W/m²K]
a_2	0.005	[W/m²K]
η_T	85	%
T_{1w}	25	°C
T_{2w}	35	°C
G	800	W/m²
T_0	25	°C

Les puissances échangées aux composants du système ORC sont exprimées ci-dessous:

$$\dot{Q}_{HE\_ORC} = \dot{m}_{ORC}(h_{1ORC} - h_{4ORC}) \quad (>0) \quad (9.2)$$

$$\dot{W}_{T\_ORC} = \dot{m}_{ORC}(h_{2ORC} - h_{1ORC}) \quad (<0) \quad (9.3)$$

$$\dot{Q}_{Cd\_ORC} = \dot{m}_{ORC}(h_{3ORC} - h_{2ORC}) \quad (<0) \quad (9.4)$$

$$\dot{W}_{P\_ORC} = \dot{m}_{ORC}(h_{4ORC} - h_{3ORC}) \quad (>0) \quad (9.5)$$

Ainsi, le rendement thermique du système ORC est:

$$\eta_{ORC} = \frac{|\dot{W}_{T\_ORC}| - \dot{W}_{P\_ORC}}{\dot{Q}_{HE\_ORC}} \quad (9.6)$$

Quelques résultats de la simulation sont présentés dans le *Tableau 9.2* correspondant aux paramètres d'entrée du *Tableau 9.1*. On obtient ainsi la puissance mécanique fournie, le rendement thermique et le rendement du champ solaire.

Tableau 9.2: Résultats de la simulation pour $T_H=140\ °C$

$\dot{m}_{ORC}$	$\dot{W}_{eff\_ORC}$	$\dot{Q}_{HE\_ORC}$	η_{ORC}	η_{sol}	A_{sol}	$\dot{m}_w$	$\dot{Q}_{Cd\_ORC}$
[kg/s]	[kW]	[kW]	[%]	[%]	[m2]	[kg/s]	[kW]
0.25	5,24	63.76	8,2	46	174	1,4	58,52

L'analyse exergétique permet d'évaluer les irréversibilités au niveau des composants du système, vu que l'exergie représente la quantité maximale de travail qui peut être échangé par un système pour atteindre l'équilibre thermodynamique avec son environnement, par une séquence de processus réversibles. L'exergie d'un sous-système est une mesure de sa «distance» par rapport à l'équilibre. Ainsi, un bilan exergétique permet d'évaluer la destruction d'exergie locale qui représente l'indicateur juste à prendre en compte pour définir la performance d'un composant/système.

Les destructions d'exergie à l'échangeur chaud, $\dot{I}_{HE\_ORC}$, à la turbine, $\dot{I}_{T\_ORC}$, au condenseur, $\dot{I}_{Cd\_ORC}$ et au niveau de la pompe, $\dot{I}_{P\_ORC}$ sont estimées par des bilans locaux, au niveau de chaque composant. Les exergies spécifiques (paramètres d'état) pour chaque point du cycle ont été obtenus en utilisant le logiciel Thermoptim.

L'irréversibilité à *l'échangeur chaud* peut être déterminée en utilisant le bilan entropique ou exergétique au niveau de ce composant que l'on peut effectuer en suivant le diagramme fonctionnel présenté sur la *Figure 9.2*.

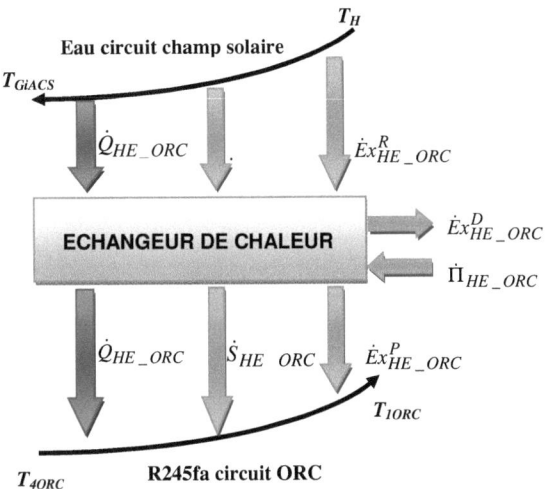

Figure 9.2: Diagramme fonctionnel de l'échangeur chaud

Bilan entropique à l'échangeur chaud

Le flux d'entropie reçu par le fluide organique s'écrit sous la forme:

$$\dot{S}_{HE\_ORC} = \dot{m}_{ORC}(s_{1ORC} - s_{4ORC}) \qquad (>0) \qquad (9.7)$$

Et le flux d'entropie cédé par l'eau chaude provenant du champ solaire s'exprime par:

$$\dot{S}_{HE\_sol} = \dot{m}_{sol}(s_{GACS} - s_H) \qquad (<0) \qquad (9.8)$$

Ainsi la création d'entropie due au pincement de température au niveau de l'échangeur représente la différence des flux précédents:

$$\dot{\Pi}_{HE\_ORC} = \dot{m}_{ORC}(s_{1ORC} - s_{4ORC}) - |\dot{m}_{sol}(s_{GACS} - s_H)| \qquad (>0) \qquad (9.9)$$

L'irréversibilité du processus de transfert de chaleur au niveau de ce composant sera, conformément au théorème de Gouy-Stodola:

$$\dot{I}_{HE\_ORC} = T_0 \dot{\Pi}_{HE\_ORC} \qquad (>0) \qquad (9.10)$$

La même expression peut être obtenue par une approche exergétique, l'irréversibilité du processus correspondant à l'exergie détruite lors de ce transfert de chaleur. On associera à l'échangeur de chaleur une ressource, une dissipation et un produit en termes exergétiques.

Bilan exergétique à l'échangeur chaud

L'irréversibilité à l'échangeur chaud s'écrit sous la forme :

$$\dot{I}_{HE\_ORC} = \dot{Ex}^D_{HE\_ORC} = \dot{Ex}^R_{HE\_ORC} - \dot{Ex}^P_{HE\_ORC} \qquad (9.11)$$

Où la ressource exergétique représente le flux d'exergie disponible au niveau du circuit primaire:

$$\dot{Ex}^R_{HE\_ORC} = \dot{Ex}^{T_{mH}}_{Q_{HE\_ORC}} = \dot{Q}_{HE\_ORC}(1 - \frac{T_0}{T_{mH}}) \qquad (9.12)$$

Avec T_{mH} la température moyenne logarithmique de l'eau chaude au niveau de l'échangeur chaud:

$$T_{mH} = \frac{t_H - t_{GACS}}{ln\left(\frac{T_H}{T_{GACS}}\right)} \qquad (9.13)$$

Et le produit exergétique du composant représente le flux d'exergie fourni au fluide organique:

$$\dot{Ex}^P_{HE\_ORC} = \dot{m}_{ORC}(ex_{1ORC} - ex_{4ORC}) \qquad (9.14)$$

La différence entre la ressource et le produit est dissipée, due à la différence de température entre les deux fluides:

$$\dot{I}_{HE\_ORC} = \dot{Q}_{HE\_ORC}(1 - \frac{T_0}{T_{mH}}) - \dot{m}_{ORC}(ex_{1ORC} - ex_{4ORC}) \qquad (9.15)$$

Ainsi, le rendement exergétique de l'échangeur est le rapport du produit par la ressource:

$$\eta_{exHE\_ORC} = \frac{\dot{Ex}^P_{HE\_ORC}}{\dot{Ex}^R_{HE\_ORC}} \qquad (9.16)$$

On peut définir également une irréversibilité réduite qui représentera l'impact de l'irréversibilité locale sur la ressource exergétique du système:

$$Ir_{HE\_ORC} = \frac{\dot{I}_{HE\_ORC}}{\dot{Ex}^R_{HE\_ORC}} 100 \qquad (9.17)$$

Le même raisonnement sera appliqué au niveau du **condenseur** dans ce qui suit. De la même manière que précédemment, on définit les flux d'entropie et d'exergie afin d'évaluer le rendement exergétique du condenseur et l'impact de l'irréversibilité locale sur la ressource du système.

Bilan entropique au condenseur

$$|\dot{S}_{Cd\_ORC}| = \dot{m}_{ORC}(s_{2ORC} - s_{3ORC}) \qquad (>0) \qquad (9.18)$$

$$\dot{S}_{Cd\_w} = \dot{m}_w(s_{2w} - s_{1w}) \qquad (>0) \qquad (9.19)$$

$$\dot{\Pi}_{Cd\_ORC} = \dot{m}_{ORC}(s_{2ORC} - s_{3ORC}) - \dot{m}_w(s_{2w} - s_{1w}) \quad (>0) \qquad (9.20)$$

$$\dot{I}_{Cd\_ORC} = T_0 \dot{\Pi}_{Cd\_ORC} \qquad (>0) \qquad (9.21)$$

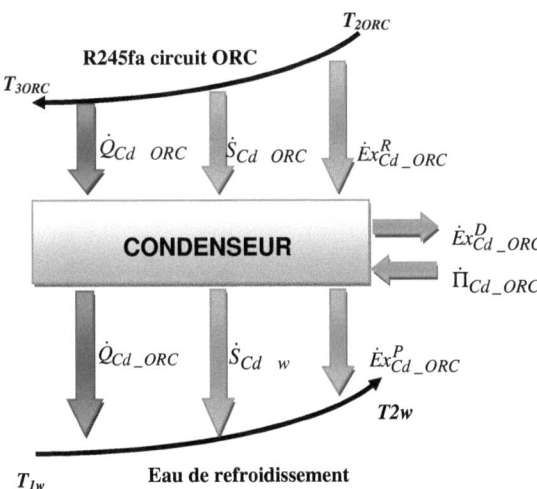

Figure 9.3: Diagramme fonctionnel du condenseur

Bilan exergétique au condenseur

$$\dot{I}_{Cd\_ORC} = \dot{E}x^D_{Cd\_ORC} = \dot{E}x^R_{Cd\_ORC} - \dot{E}x^P_{Cd\_ORC} \qquad (9.22)$$

avec $\dot{E}x^R_{Cd\_ORC} = \dot{E}x^{T_{mCd}}_{Q_{Cd\_ORC}} = \dot{m}_{ORC}(ex_{2ORC} - ex_{3ORC})$ $\qquad (9.23)$

$$\dot{E}x^P_{Cd\_ORC} = \left|\dot{Q}_{Cd\_ORC}\right|\left(1 - \frac{T_0}{T_{mw}}\right) \qquad (9.24)$$

Ainsi l'irréversibilité au condenseur devient:

$$\dot{I}_{Cd\_ORC} = \dot{m}_{ORC}(ex_{2ORC} - ex_{3ORC}) - \left|\dot{Q}_{Cd\_ORC}\right|\left(1 - \frac{T_0}{T_{mw}}\right) \qquad (9.25)$$

avec $T_{mw} = \dfrac{t_{2w} - t_{1w}}{ln\left(\dfrac{T_{2w}}{T_{1w}}\right)}$ $\qquad (9.26)$

Le rendement exergétique du condenseur représente le rapport du produit exergétique par sa ressource:

$$\eta_{exCd\_ORC} = \frac{\dot{E}x^P_{Cd\_ORC}}{\dot{E}x^R_{Cd\_ORC}} \qquad (9.27)$$

Et l'irréversibilité réduite au condenseur sera:

$$Ir_{Cd\_ORC} = \frac{\dot{I}_{Cd\_ORC}}{\dot{E}x^R_{HE\_ORC}} 100 \qquad (9.28)$$

Etude de la ***turbine***:

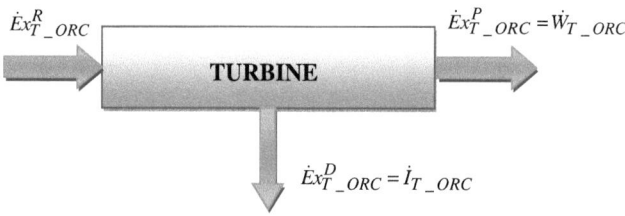

Figure 9.4: Diagramme fonctionnel de la turbine

La ressource exergétique de la turbine représente la variation d'exergie du fluide organique multiplié par son débit:

$$\dot{Ex}^R_{T\_ORC} = \dot{m}_{ORC}(ex_{1ORC} - ex_{2ORC}) \tag{9.29}$$

Elle a comme produit la puissance mécanique fournie:

$$\dot{Ex}^P_{T\_ORC} = \dot{W}_{T\_ORC} \tag{9.30}$$

Et son irréversibilité locale s'écrit par la différence:

$$\dot{I}_{T\_ORC} = \dot{Ex}^R_{T\_ORC} - \dot{Ex}^P_{T\_ORC} \tag{9.31}$$

Ainsi le rendement exergétique et l'irréversibilité réduite ont les expressions suivantes:

$$\eta_{exT\_ORC} = \frac{\dot{Ex}^P_{T\_ORC}}{\dot{Ex}^R_{T\_ORC}} \tag{9.32}$$

$$Ir_{T\_ORC} = \frac{\dot{I}_{T\_ORC}}{\dot{Ex}^R_{HE\_ORC}} 100 \tag{9.33}$$

Etude de la *pompe*:

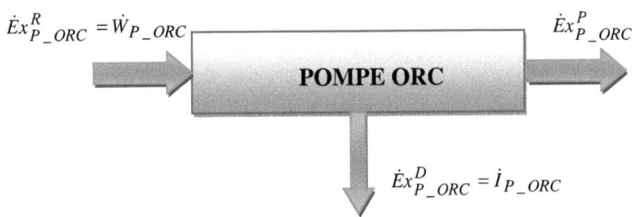

Figure 9.5: Diagramme fonctionnel de la pompe

La pompe reçoit la puissance mécanique $\dot{W}_{P\_ORC}$ qui représente la ressource exergétique du composant:

$$Ex^R_{P\_ORC} = \dot{W}_{P\_ORC} \tag{9.34}$$

Son rôle est de mettre sous pression le fluide organique, son produit sera:

$$\dot{Ex}_{P\_ORC}^{P} = \dot{m}_{ORC}(ex_{4ORC} - ex_{3ORC}) \qquad (9.35)$$

Ainsi, l'irréversibilité de la pompe représente la différence de la ressource par le produit:

$$\dot{I}_{P\_ORC} = \dot{Ex}_{P\_ORC}^{R} - \dot{Ex}_{P\_ORC}^{P} \qquad (9.36)$$

Et le rendement exergétique et l'irréversibilité réduite seront:

$$\eta_{exP\_ORC} = \frac{\dot{Ex}_{P\_ORC}^{P}}{\dot{Ex}_{P\_ORC}^{R}} \qquad (9.37)$$

$$Ir_{P\_ORC} = \frac{\dot{I}_{P\_ORC}}{\dot{Ex}_{HE\_ORC}^{R}} \qquad (9.38)$$

A l'échelle du système ORC, le rendement exergétique est estimé en utilisant l'expression ci-dessous:

$$\eta_{exORC} = \frac{\dot{W}_{T\_ORC} - \dot{W}_{P\_ORC}}{\dot{Ex}_{Q_{HE\_ORC}}^{T_{mH}}} = \frac{\dot{W}_{T\_ORC} - \dot{W}_{P\_ORC}}{\dot{Ex}_{HE\_ORC}^{R}} \qquad (9.39)$$

9.2. Analyse énergétique et exergétique du système de rafraîchissement par absorption

Les paramètres de départ considérés dans la simulation du système de rafraîchissement par absorption (ACS) sont présentés dans le *Tableau 9.3*.

Tableau 9.3: Paramètres initiaux du système ACS

$\dot{Q}_{Ev\_ACS}$	45.6	[kW]
T_{EviACS}	12	[°C]
T_{EveACS}	7	[°C]
$T_{AbiACS} = T_{CdiACS}$	25	[°C]
$T_{CdACS} = T_{AbACS}$	36	[°C]
ΔT_{EvACS}	3	[°C]
ΔT_{GACS}	3	[°C]

Le débit massique de l'eau glacée produite à l'évaporateur est calculé en partant de la puissance frigorifique à installer, déterminée par l'étude thermique du bâtiment:

$$\dot{m}_{wACS} = \frac{\dot{Q}_{Ev\_ACS}}{c_p(t_{EviACS} - t_{EveACS})} \tag{9.40}$$

Les températures du fluide de travail dans les échangeurs de chaleur principaux du système de rafraîchissement sont calculées en prenant en compte des pincements de température usuels (ΔT):

$$T_{EvACS} = T_{EveACS} - \Delta T_{EvACS} \tag{9.41}$$

$$T_{3ACS} = T_{GiACS} - \Delta T_{GACS} \tag{9.42}$$

Les pressions du système sont déterminées à partir des températures T_{Ev} et T_{Cd}.

Le modèle mathématique du système a été construit à partir des équations de bilan massique, énergétique et exergétique sous EES (Engineering Equation Solver):

Evaporateur:

$$q_{Ev\_ACS} = h_{6ACS} - h_{5ACS} \tag{9.43}$$

D'où le débit du fluide frigorigène (eau):

$$\dot{m}_{ef\_ACS} = \frac{\dot{Q}_{Ev\_ACS}}{q_{Ev\_ACS}} \tag{9.44}$$

Condenseur:

$$q_{Cd\_ACS} = h_{2ACS} - h_{4ACS} \tag{9.45}$$

$$\dot{Q}_{Cd\_ACS} = \dot{m}_{ef\_ACS}\, q_{Cd\_ACS} \tag{9.46}$$

Générateur:

$$\dot{Q}_{G\_ACS} = \dot{m}_{ef\_ACS}(h_{2ACS} - h_{1aACS}) + \dot{m}_{p\_ACS}(h_{3ACS} - h_{1aACS}) \tag{9.47}$$

$$q_{G\_ACS} = \frac{\dot{Q}_{G\_ACS}}{\dot{m}_{ef\_ACS}} \tag{9.48}$$

$$\dot{m}_{r\_ACS} = \dot{m}_{p\_ACS} + \dot{m}_{ef\_ACS} \tag{9.49}$$

Absorbeur:

$$q_{Ab\_ACS} = (h_{6ACS} - h_{1ACS}) + f(h_{3aACS} - h_{1ACS}) \tag{9.50}$$

où f est le rapport du débit de solution pauvre par le débit de réfrigérant.

$$\dot{Q}_{Ab\_ACS} = \dot{m}_{ef\_ACS} \, q_{Ab\_ACS} \tag{9.51}$$

Cette analyse énergétique permet de calculer une puissance thermique nécessaire au générateur égale à 70.4 kW. Ce qui correspond à un écart de température du circuit solaire de 30°C pour un débit sortant de l'échangeur chaud ORC de 0.5kg/s.

Le coefficient de performance (COP) s'exprime par le rapport:

$$COP_{ACS} = \frac{\dot{Q}_{Ev\_ACS}}{\dot{Q}_{G\_ACS} + \dot{W}_{P\_ACS}} \tag{9.52}$$

Comme pour le système ORC, une analyse exergétique du système ACS a été effectuée afin de mettre en évidence les destructions d'exergie locales. Chaque composant du système est étudié individuellement, en lui associant une ressource (combustible ou potentiel exergétique à l'entrée du composant), un produit (ce que le composant fournit) et une dissipation en termes exergétiques. Le modèle global ayant été étudié précédemment [*Untea A., 2012*], sont présentées ici seulement les expressions correspondantes à la ressource, au produit et aux irréversibilités au niveau du générateur.

L'état de référence est définie par T_0=25°C et p_0=101,325 kPa.

$$\dot{Ex}_{G\_ACS}^{P} = \dot{Ex}_{2ACS} + \dot{Ex}_{3ACS} = \dot{m}_{ef\_ACS}\, ex_{2ACS} + \dot{m}_{p\_ACS}\, ex_{3ACS} \tag{9.53}$$

$$\dot{Ex}_{G\_ACS}^{R} = \dot{Ex}_{1aACS} + \dot{Ex}_{Q_{G\_ACS}} = \dot{m}_{r\_ACS}\, ex_{1aACS} + \dot{Ex}_{Q_{G\_ACS}} \tag{9.54}$$

avec $\dot{Ex}_{Q_{G\_ACS}} = \dot{Q}_{G\_ACS}(1 - \frac{T_0}{T_{mG}})$ (9.55)

et $T_{mG} = \dfrac{T_{GiACS} - T_{GeACS}}{ln(\dfrac{T_{GiACS}}{T_{GeACS}})}$ (9.56)

Le rendement exergétique du générateur est le rapport du produit par la ressource:

$$\eta_{exG\_ACS} = \frac{\dot{Ex}^P_{G\_ACS}}{\dot{Ex}^R_{G\_ACS}}$$ (9.57)

Ainsi l'irréversibilité du processus est la différence:

$$\dot{I}_{G\_ACS} = Cb_{G\_ACS} - P_{G\_ACS}$$ (9.58)

Et l'irréversibilité réduite présente l'impacte de cette irréversibilité locale sur le potentiel de départ:

$$Ir_{G\_ACS} = \frac{\dot{I}_{G\_ACS}}{\dot{Ex}_{Q_{G\_ACS}}}$$ (9.59)

Ainsi, le rendement exergétique aura l'expression:

$$\eta_{exACS} = \frac{\dot{Ex}^{T_{ev}}_{Q_{EvACS}}}{\dot{Ex}^{T_{mG}}_{Q_{G\_ACS}} + \dot{W}_{P\_ACS}}$$ (9.60)

9.3. Résultats du cycle combiné

La performance énergétique et exergétique du cycle combiné sera évaluée en considérant les rendements définis ci-dessous:

$$\eta_{Global} = \frac{\dot{Q}_{Ev\_ACS} + |\dot{W}_{T\_ORC}| - \dot{W}_{P\_ORC}}{\dot{Q}_{G\_ACS} + \dot{Q}_{HE\_ORC} + \dot{W}_{P\_ACS}}$$ (9.61)

$$\eta_{exGlobal} = \frac{|\dot{W}_{T\_ORC}| - \dot{W}_{P\_ORC} + \dot{Ex}^{T_{ev}}_{Q_{Ev\_ACS}}}{\dot{Ex}^{T_{mG}}_{Q_{G\_ACS}} + \dot{Ex}^{T_{mH}}_{Q_{HE\_ORC}} + \dot{W}_{P\_ACS}}$$ (9.62)

Le modèle décrit précédemment a été utilisé pour simuler le comportement du système lors de la variation de la température en sortie du champ solaire (T_H) de 115 à 140°C. Les différents flux d'exergie (ressource, produit et irréversibilité) sont mis en évidence pour deux températures en sortie de champ solaire sur les diagrammes fonctionnels présentés sur les *Figures 9.6 et 9.7*. Ces diagrammes permettent d'établir facilement les bilans exergétiques. Si la température de la source chaude augmente, la ressource exergétique $\dot{Ex}^R_{HE\_ORC}$ augmente de 13,36 à 16,6 kW. Ceci correspond à la puissance mécanique maximale que le système pourrait fournir si les composants étaient parfaits. Il est ainsi évident que la puissance effective augmente (augmentation de 4,67 kW à 5,24 kW). Par contre, étant donné que les irréversibilités $\dot{I}_{HE\_ORC}$ et $\dot{I}_{Cd\_ORC}$ augmentent également, le rendement exergétique du système diminue. La même remarque peut être faite en observant la *Figure 9.11*. Pour un même flux de chaleur à l'échangeur chaud (même variation de température du circuit solaire égale à 30°C et même débit) la puissance mécanique et le rendement thermique augmentent. Par contre, le rendement exergétique diminue, vue que la ressource exergétique augmente (température moyenne logarithmique plus élevée).

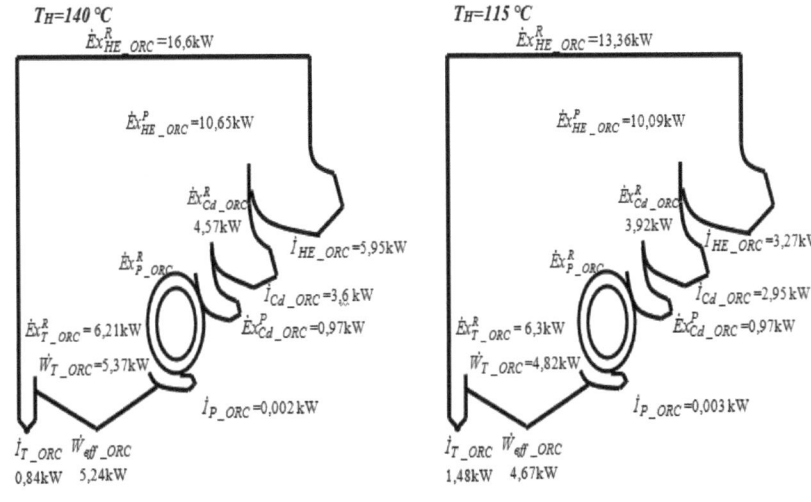

Figure 9.6: Schéma bilan exergétique ORC pour $T_H=140°C$

Figure 9.7: Schéma bilan exergétique ORC pour $T_H=110°C$

Tableau 9.4: Valeurs des irréversibilités locales et réduites - ORC

T_H	T_{GiACS}	$\dot{I}_{Cd\_ORC}$	$\dot{I}_{T\_ORC}$	$\dot{I}_{HE\_ORC}$	I_{rCd_ORC}	I_{rT_ORC}	I_{rHE_ORC}
[°C]	[°C]	[kW]	[kW]	[kW]	[%]	[%]	[%]
115	85	2,95	1,48	3,27	22,09	11,08	24,49
120	90	3,06	1,36	3,85	21,83	9,72	27,44
125	95	3,19	1,24	4,41	21,69	8,42	30,03
130	100	3,31	1,11	4,95	21,54	7,25	32,26
135	105	3,46	0,96	5,46	21,67	5,99	34,18
140	110	3,60	0,83	5,96	21,71	5,02	35,88

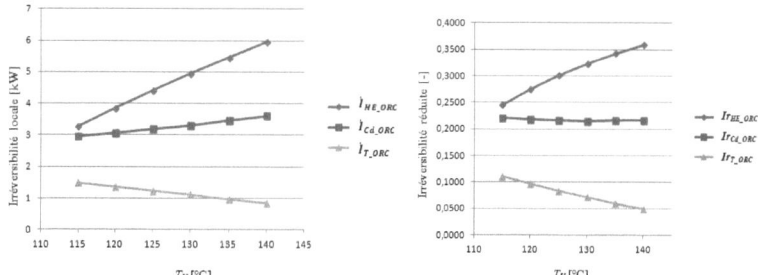

Figure 9.8: Variation des irréversibilités locales en fonction de T_H

Figure 9.9: Variation des irréversibilités réduites en fonction de T_H

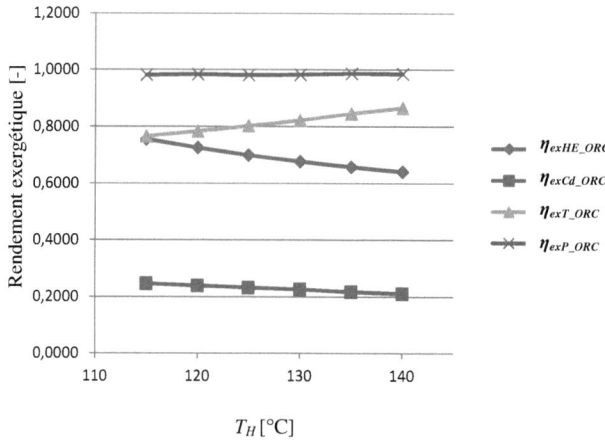

Figure 9.10: Variation des rendements exergétiques locaux en fonction de T_H

La destruction d'exergie au niveau de la pompe ORC est négligeable devant celle des autres composants du système; seuls les composants avec des irréversibilités importantes sont confrontés dans le *Tableau 9.4* et illustrés sur les *Figures 9.8 et 9.9*.

Les *Figures 9.8 et 9.10* montrent la variation, toujours en opposition, des irréversibilités locales et des rendements exergétiques de chaque composant avec l'élévation de la température en sortie de champ solaire.

Quant à l'irréversibilité réduite, *Ir*, il s'agit d'un paramètre indicateur important à prendre en considération lors de l'analyse des performances des composants et du système global. C'est le paramètre qui indique le caractère irréversible de chaque composant du système par rapport au potentiel de départ (au début du processus), indiquant quel est l'impact de chaque irréversibilité locale sur la ressource exergétique du système.

Il est intéressant de remarquer que l'irréversibilité réduite au condenseur I_{rCd_ORC} diminue légèrement (*Figure 9.9*) même si le rendement exergétique diminue (et l'irréversibilité locale augmente, (*Tableau 9.4*)). Le produit de ce composant est constant (puissance échangée avec l'eau de refroidissement constante) tandis que son carburant (ressource exergétique) augmente. Ainsi l'irréversibilité locale augmente. En même temps, l'exergie de l'échangeur chaud (la dépense exergétique du système ORC) augmente, ce qui implique une diminution légère de l'irréversibilité réduite.

Les résultats de la simulation du système de rafraîchissement solaire sont présentés dans le *Tableau 9.5*, pour une température en sortie de champ solaire égale à 140°C. Ainsi, on peut estimer la performance du système global pour cette température de fonctionnement, pour un débit du circuit solaire de 0,5 kg/s traversant l'échangeur chaud ORC et le générateur ACS.

Dans ces conditions, une surface de 300m^2 de capteurs permet de fournir simultanément une puissance mécanique de 5,24 kW et une puissance frigorifique de 45,6kW, avec un rendement thermique global de l'ordre 38% et un rendement exergétique global de l'ordre de 26%.

L'analyse exergétique menée ici permet d'orienter le choix de paramètres et de design optimaux. L'utilisation d'un échangeur récupérateur ACS permet d'obtenir des rendements exergétiques de ce sous-système relativement élevés. Pour l'ORC, les composants dans l'ordre décroissant de rendement exergétique sont: pompe, turbine, échangeur chaud et condenseur. Ainsi, une piste d'amélioration de la performance est l'utilisation d'un échangeur récupérateur à l'entrée du condenseur, vu que le taux de destruction d'exergie est important au niveau de ce composant. La chaleur récupérée pourrait servir au préchauffage du fluide de travail en amont de l'échangeur solaire.

Tableau 9.5: Résultats de simulation - Système de rafraîchissement $T_H=140°C$

Performances énergétiques			Performances exergétiques					
COP_{ACS}	0,65	[-]	η_{exACS}	18,5	[%]	$\dot{Ex}_{Q_{G\_ACS}}^{T_{mG}}$	13,36	[kW]
$\dot{m}_{wg}$	2,18	[kg/s]	η_{exG_ACS}	89,8	[%]	i_{Ab_ACS}	3,44	[kW]
$\dot{Q}_{Cd\_ACS}$	48,12	[kW]	η_{exHE_ACS}	63,13	[%]	i_{Cd_ACS}	1,82	[kW]
$\dot{Q}_{G\_ACS}$	70,41	[kW]	η_{exAb_ACS}	84,5	[%]	i_{G_ACS}	3,47	[kW]
$\dot{Q}_{Ab\_ACS}$	67,86	[kW]	η_{exEv_ACS}	72,2	[%]	i_{HE_ACS}	1,2	[kW]
$\dot{m}_r$	0,57	[kg/s]	$\dot{Ex}_{Q_{Ev\_ACS}}^{T_{mEv}}$	2,48	[kW]	i_{Ev_ACS}	0,95	[kW]

La diminution du rendement exergétique du système ORC est due principalement à l'augmentation de la ressource exergétique et de l'irréversibilité à l'échangeur chaud avec la température. Les composants les plus pénalisants sont les échangeurs de chaleur à haute température: échangeur chaud ORC, condenseur ORC, générateur ACS et absorbeur ACS.

Le stockage thermique n'a pas été étudié dans ce chapitre, mais il est indispensable pour assurer une température constante (140°C) à l'entrée de l'échangeur chaud ORC, valeur pour laquelle le système peut entièrement répondre au besoin de rafraîchissement du bâtiment (45,6kW).

CONCLUSION

Les travaux de recherche présentés dans cet ouvrage s'inscrivent dans le contexte actuel d'économie d'énergie, d'utilisation des énergies renouvelables et de valorisation des énergies perdues. Ils reposent sur le constat que l'introduction de technologies qui utilisent des énergies renouvelables comme source de chaleur montre un double avantage: limiter la pollution et réduire le coût en combustible primaire.

Les systèmes énergétiques étudiés dans cet ouvrage sont des systèmes propres: les machines Stirling, les systèmes de rafraîchissement solaire par absorption et les systèmes à cycle organique de Rankine, dans ces nouvelles perspectives de conversion thermodynamique de l'énergie solaire.

Deux points de vue ont été abordés: étude de machines en phase de projet (recherche de dimensionnement optimum) et étude du fonctionnement de machines existantes (recherche de point de fonctionnement optimum). Ont été étudié: deux moteurs de type alpha (un micro-cogénérateur installé au laboratoire et un moteur en phase de projet dans le cadre d'un contrat industriel de Micro-Centrale Solaire Thermodynamique; une machine Beta installée au laboratoire, qui fonctionne en configuration moteur, machine à froid ou pompe à chaleur; deux moteurs à faible différence de température, Gamma, installés au laboratoire; un système de rafraîchissement solaire par absorption, dimensionnement et étude système et un système combiné ORC/ACS en phase projet.

Les modélisations développées utilisent la notion d'exergie, qui prend en compte la diversité des sources, les niveaux de température correspondants et l'environnement dans lequel on fait fonctionner chaque système étudié.

Dans le souci de comprendre le fonctionnement de ces machines complexes, une approche fondamentale des comportements thermiques et thermodynamiques a été développé. Elle regroupe les techniques de la thermodynamique en temps fini, vitesse finie, dimensions finies, dénommée Thermodynamique à Dimensions Physiques Finies (TDPF). Elle prend en considération les contraintes qui se présentent à l'ingénieur concernant la vitesse de rotation, la surface d'échange, le volume maximum, la pression maximale admise, etc. Des expressions de calcul pour les énergies (et puissances) échangées et pour le rendement (ou COP) sont déduites et corrigées par la prise en considération des différentes pertes dues aux irréversibilités internes et externes. Les résultats permettent une première orientation du dimensionnement du système.

Pour que cette analyse thermodynamique soit plus complète, une analyse exergétique a été effectuée, afin d'amener au même dénominateur commun les performances des machines, par la prise en considération des niveaux de température (sources et milieu ambiant) et du potentiel exergétique de départ de chaque machine. Des diagrammes fonctionnels des échangeurs permettent de mettre en évidence les différents flux échangés (de chaleur, d'entropie et d'exergie). Le diagramme fonctionnel global du moteur permet de suivre le transfert et la dégradation d'exergie de la source chaude jusqu'à l'arbre moteur. Le rôle du régénérateur est souligné par la mise en évidence d'un flux d'exergie recyclé, qui augmente avec l'efficacité du régénérateur.

Une modélisation zéro-dimensionnelle en régime établi a permis la prise en considération de la cinématique de la machine, en plus des irréversibilités internes et externes. Deux méthodes de la littérature ont été retenues, la méthode dite isotherme et la méthode dite adiabatique que nous avons développées, améliorées et complétées avec la méthode exergétique. La non-uniformité spatio-temporelle du fluide est prise en considération par la division du moteur en trois ou cinq espaces auxquels on associe des températures caractéristiques. Le temps de calcul de ces méthodes est relativement court. Leur intérêt intervient au moment où les moteurs Stirling sont intégrés dans un système global plus complexe. Notre attention a été retenue par ces méthodes, en particulier pour répondre à une demande dans le cadre d'un projet industriel de conception de micro-centrale solaire thermodynamique, utilisée pour la production d'électricité en sites isolés. Les résultats obtenus sont confrontés avec ceux obtenus par plusieurs modèles 1D avec pertes énergétiques.

Les systèmes de rafraîchissement solaire font partie des alternatives intéressantes aux systèmes de climatisation classiques, dans la mesure où la source d'énergie est gratuite. En contrepartie, leur COP est relativement faible, par rapport aux systèmes classiques, d'où le grand intérêt des études paramétriques qui permettent le choix judicieux des différents paramètres afin d'optimiser le fonctionnement. L'analyse exergétique effectuée au niveau des composants principaux et du système global, permet d'indiquer les équipements critiques du système, dont leur amélioration de fonctionnement pourrait augmenter le COP et le rendement exergétique du système. Cette analyse exergétique peut orienter également le choix des composants de la machine à absorption et des capteurs solaires.

Ces travaux de recherche ont été effectués au sein du Laboratoire Energétique Mécanique et Electromagnétisme (LEME) de Ville d'Avray, attaché à l'Université Paris Ouest Nanterre La Défense, en collaboration avec des collègues du LEME (Pierre Rochelle, Nadia Martaj, Diogo Queiros-Condé), mais aussi avec des collègues de l'Université Politehnica de Bucarest (Alexandru Dobrovicescu, Stoian Petrescu, Catalina Dobre, Adrian Untea, Andreea Marin) et de l'Université de Lorraine (Michel Feidt, Antoine Mathieu). Nous avons développé ensemble des modèles d'optimisation énergétique et exergétique de systèmes moteurs ou récepteurs en utilisant l'approche éxergétique, approche qui devient incontournable lors de l'étude des systèmes énergétiques dites durables, vue le faible niveau de température de leur source énergétique.

A l'avenir, ces activités de recherche ne peuvent pas se développer sans une liaison très étroite avec le monde industriel, qui sera de plus en plus attentif et sensible à cette notion d'exergie, et sans que des organismes financeurs n'encouragent des opérations de recherche orientées vers les énergies renouvelables. Nombreuses entreprises y trouvent un intérêt pour le couplage optimum de leurs réseaux d'échangeurs (Pinch Analysis) – ce qui implique un coût de fonctionnement annuel plus faible, ou pour mettre en avant des systèmes de récupération à faible température. Des formations sur l'exergie commencent à être sollicitées. Dans ce sens, nous avons organisé en juin 2011 deux journées dédiées à cette notion: une journée nationale de formation ayant eu lieu à Ville d'Avray et une journée internationale regroupant des personnalités du monde entier, sur le site de Nanterre. Cet évènement était une première nationale et sera sans doute reconduit.

Références

Badescu V., Popescu G., Feidt M., Model of optimized solar heat engine operating on Mars, *ECOS'98*, pp. 813-819, Nancy, 1998.

Benelmir R., Optimisation thermoéconomique des systèmes et procédés énergétques, *Habilitation à Diriger des Recherches*, Université de Lorraine, 1998

Bejan A., Method of entropy generation minimization, or modelling and optimization based on combined heat transfer and thermodynamics, *Revue Générale de Thermique*, vol. 35, p.637-646, 1996.

Bejan A., Tsatsaronis A, G., Moran M., Thermal Design and Optimization, *John Wiley*, 1996

Bhattacharyya S. and Blank D., Design considerations for a power optimized regenerative endoreversible Stirling cycle, *Int. J. of Energy Res.*, 24, pp 539-547, 2000.

Bonnet S., Moteurs Thermiques À Apport de Chaleur Externe: Étude d'un Moteur Stirling et d'un Moteur Ericsson. *PhD thesis*, Université de Pau et des Pays de l'Adour, 2005.

Costea M., Augmentation des performances des échangeurs de chaleur en vue de l'optimisation thermodynamique de la machine de Stirling; Transfert de chaleur en régime instationnaire en milieu poreux, *Thèse de doctorat*, U. H.P. Nancy, 1997.

Chambadal P., Les centrales nucléaires, ed. *Armand Colin*, Paris, 1957.

Curzon F.L. et Ahlborn B., Efficiency of a Carnot engine at maximum power output, *American Jounal of Physics*, Vol.43, N° 1, pp. 22-24, 1975.

Dobrovicescu A., Analyse exergétique et thermoéconomique des systèmes de réfrigération et cryogéniques, *Edition AGIR*, ISBN: 973-8130-23-9, 2000

Dobrovicescu A., Principiile analizei exergoeconomice, *Politehnica Press*, 2007

Dobre C., Développement de méthhodes thermodynamiques pour l'ingénieur: étude analytique et expérimentale de machines quasi-Carnot et Stirling, *Thèse de doctorat*, Université Paris Ouest Nanterre la Défense, septembre 2012

Dobre C., Grosu L., Martaj N., «Beta type Stirling engine. confrontation of Schmidt and finite physical dimensions thermodynamics methods to experiments.», *Environmental Engineering and Management Journal*, sous presse 2014

Durmayaz A. et al., Optimization of thermal systems based on finite-time thermodynamics and thermoeconomics, *Progress in Energy and Combustion Science*, vol.30, p.175-217, 2004.

Eicker U., Pietruschka D., Optimisation and Economics of Solar Cooling Systems. *Advances in Building Energy Research*, Nr.1 Vol 3,45-82(38), 2009.

Feidt M., Thermodynamique et optimisation énergétiques des systèmes et procédés, 2ème édition, *Technique et Documentation*, Paris, 1996.

Feidt M., Lesaos K., Costea M., Petrescu S., Optimal allocation of HEX inventory associated with fixed output or fixed heat transfer rate input, *Int. J. Applied Thermodynamics*, vol. 5, n° 1, pp. 25-36, 2002.

Finkelstein T., Gas particle trajectories in Stirling machines. In 7th *Int.Conf. on Stirling Cycle Machines*, ICSC'95, paper ICSC - 95008, Tokyo, pp. 71-76, 1995.

Grosu L., Rochelle P., Application de la méthode de Schmidt avec régénération imparfaite aux 3 types de moteur Stirling. Nouvelles solutions analytiques, *congrès SFT*, Vannes, Vol.2, pp.895-901, 26-29 mai 2009.

Grosu L., Rochelle P, Martaj N., An engineer-oriented optimization of Stirling engine cycle with Finite-size finite-speed of revolution thermodynamics, *Int. J. Exergy*, Vol. 11, N° 2, pp. 191-204, 2012

Grosu L., Dobrovicescu A., Untea A., Energy and exergy analyses of a solar driven absorption cooling system, *Int. J. Exergy*, sous presse 2014

Gorssek A., P. Glavicc, Process integration of a steam turbine, *Applied Thermal Engineering* 23 pages, 1227–1234, 2003.

Guo T., Wang H.X., Jhang S.J., Selection of working fluids for a novel low-temperature geothermally powered ORC based cogeneration system, *Energy Conversion and Management*, pp 946-952, 2011.

Heywood. J.B., Internal Combustion Engine Fundamentals. Number ISBN 0-07-028637-x. *McGraw-Hill Book Company*, New York, USA, 1988.

Izquierdo M., Aroca S., Lithium bromide high-temperature absorption heat pump: coefficient of performance and exergetic efficiency, *Int J Energy Res.*, 14 281-291, 1990.

Izquierdo M., Venegas M., Rodríguez P., Lecuona A., Crystallization as a limit to develop solar air-cooled LiBr–H$_2$O absorption systems using low-grade heat, *Solar Energy Materials and Solar Cells*, Vol. 81, Issue 2, 6 February, pp.205-216, 2004.

Kagawa N., "Regenerative Thermal Machines (Stirling and Vuilleumier cycle machines) for heating and cooling", *International Institute of Refrigeration*, 2000.

Lanzetta F., Nika Ph., Contribution à l'étude des transferts de chaleur périodiques dans les machines Stirling, *Entropie*, n° 206, pp. 2-14, 1997.

Lemrani H. and Stouffs P., Dynamic simulation of kinematic Stirling engines applied to power control, *29th Intersociety Energy Conversion Engineering Conference*, Monterey, CA, august 7-11, 1994.

Linnhoff M, Introduction to Pinch Technology, http://www.ou.edu/class/chedesign/adesign/Introduction%20to%20Pinch%20TechnologyLinnhoffMarch.pdf, 1998

Lopez A.R., Serrano Garcia J.C., Model development and exergy analysis of Stirling cycle engine, *ECOS'98*, pp. 1165-1172, Nancy, 1998.

Marin A., Optimisation exergoéconomique d'une centrale solaire thermodynamique, *thèse de doctorat* en co-tutelle Université Politehnica Bucarest/Université Paris Ouest Nanterre La Défense, 23 mai 2014

Martaj N., Grosu L. et Rochelle P., Exergetical analysis and design optimization of the Stirling engine, *Int. J. Exergy*, Vol.3, No. 1, pp. 45-67, 2006

Martaj N., Modélisation énergétique et exergétique, simulation et optimisation des moteurs Stirling à faible différence de températures. Confrontations avec l'expérience, *thèse de doctorat*, Université Paris Ouest Nanterre La Défense, 1er décembre 2008.

Martaj N., Grosu L., Rochelle P., Mathieu A., Feidt M., Simulation of a Stirling engine used by a micro solar power plant: 0-D modelling, comparison with 1-D modelling, *Environmental Engineering and Management Journal*, sous presse 2014

Mathieu A., Contribution à la conception et à l'optimisation thermodynamique d'une micro-centrale solaire thermoélectrique, *Thèse de doctorat, Université de Lorraine & Université Paris Ouest Nanterre La Défense*, mai 2012

Mathieu A., Feidt M., Rochelle P., Grosu L., Gualino D., Grappe B., Preliminary sizing and optimization of a micro solar power plant by a parametric sensitivity study, *Environmental Engineering and Management Journal*, Vol. 9, No. 10, pp. 1361-1387, 2010

Nelson R.M., Wardono B., Simulation of a solar-assisted $LiBr–H_2O$ cooling system. *ASHRAE Trans*, 102(1):104–9, 1996.

Nick-Leptin J., Political framework for research and development in the field of renewable energies, *International Conference Solar Air conditioning*, Staffelstein, 2005.

Novikov I., The efficiency of atomic stations, *Journal Nuclear Energy*, Vol. 7, p.125-128, 1958.

Kautz M., Hansen U., The externally-fired gas-turbine (EFGT-Cycle) for decentralized use of biomass, *Applied Energy*, vol. 84, pages 795–805, 2007.

Kemp I.C., Pinch Analysis and Process Integration. A user Guide on Process Integration for the Efficient Use of the Energy, second edition, *Elsevier*, ISBN 10:0 7506 8260 4, 2007

Organ A., The regenerator and the Stirling engine, *Mechanical Engineering Publications Ltd*, ISBN 1 86058 010 6, 1997.

Organ A., Thermodynamics and gas dynamics of the Stirling machines, *Cambridge University Press*, Cambridge, 1992

Petrescu S., Costea M. et al, Application of the Direct Method to irreversible Stirling cycles with finite speed, *International Journal of Energy Research*, vol.26, p.589-609, 2002.

Radcenco V., *Themodinamică Generalizată*, Editura Tehnica, Bucuresti, 1994.

Rochelle P., Andrrjevski J., Optimisation des cycles à rendement maximal, *Revue de l'Institut Français du Pétrole*, vol.29, pages 731-749, 1974.

Rochelle P., Optimisation and applicability of ideal maximum-efficiency prime mover cycles, *Revue Entropie* n°234, p.30-37, 2001.

Rochelle P. and Grosu L., Analytical solutions and optimization of the exoirreversible Schmidt cycle with imperfect regeneration for the 3 classical types of Stirling engine, *Oil&Gas Science and Technology*, Vol. 66, N° 5, pp. 747-758, 2011

Roussel H., www.ent.ohio.edu/urieli/stirling/me422.html

Schmidt G. Theorie der Lehmann'schen calorischen Maschine. *Z. des Ver. Deutsher Ingenieue*, XV(2) 98-112, 1871.

Sencan A., Kemal A., Soteris A., Exergy analysis of lithium bromide/water absorption systems, *Renewable Energy*, Volume 30, Issue 5, 645-657, 2005.

Stouffs P., « Thermodynamique et phénomènes de transfert dans les machines », *mémoire HDR*, Université de Nantes, 2000.

Stouffs P., Bonnet S., and Alaphilippe M. Etude expérimentale des transferts thermiques et des transformations thermodynamiques dans un petit moteur Stirling. In Elsevier, *Actes Du Congrès SFT'02*, pp. 763—768, Paris, 2002.

Yiping D., Wang J., Gao L., Parametric optimization and comparative stady of organic Rankine cycle (ORC) for low grade waste heat recovery, *Energy Conversion and Management*, pp.576-582, 2009

Ziegler F., State of the art in absorption heat pumping and cooling technologies, *International Journal of Refrigeration*, 25 (4), pp. 450-459, 2002.

Walker G., Stirling Engines, vol. I, *University of Calgary*, Canada, 1980.

Walker G., Weiss M.H., Fauvel R., and Reader G., Adventures with Mar Weiss: A summary of experience with Stirling simulation. *In Proc. 25th Intersociety Energy Conversion Engineering Conference*, pages 342—345, Reno Nevada, American Institute of Chemical Engineers, 1990.

Wang X.D., Zhao L., Wang J.L., Zhang W.Z., Zhao X.Z., Wu W., Performance evaluation of a low-temperature solar Rankine cycle system utilizing R245fa, *Solar Energy*,84, pp.353-364, 2010

WhisperGen, Manuel d'utilisation, *Efficient Home Energy S.L.* (EHE), www.ehe.eu.

Wu F., Chen L., Sun F., Wu C., Finite Time Exergoeconomic performance bound for a quantum Stirling engine, *Int. J. of Eng. Science*, 38, pp. 239-247, 2000.

i want morebooks!

Buy your books fast and straightforward online - at one of the world's fastest growing online book stores! Environmentally sound due to Print-on-Demand technologies.

Buy your books online at

www.get-morebooks.com

Achetez vos livres en ligne, vite et bien, sur l'une des librairies en ligne les plus performantes au monde!
En protégeant nos ressources et notre environnement grâce à l'impression à la demande.

La librairie en ligne pour acheter plus vite
www.morebooks.fr

OmniScriptum Marketing DEU GmbH
Heinrich-Böcking-Str. 6-8
D - 66121 Saarbrücken
Telefax: +49 681 93 81 567-9

info@omniscriptum.de
www.omniscriptum.de

Printed by Books on Demand GmbH, Norderstedt / Germany